职业技能培训教材
建筑工程系列

电焊工

◎ 董训杰　王振玉　何章辉　主编著

◎ 高全山　闵艳国　李权忠　李天祥

　　邓树理　龙　浩　副主编著

中国农业科学技术出版社

图书在版编目（CIP）数据

电焊工/董训杰，王振玉，何章辉编著. —北京：
中国农业科学技术出版社，2019.9
（职业技能培训教材·建筑工程系列）
ISBN 978-7-5116-4353-7

Ⅰ.①电…　Ⅱ.①董…②王…③何…　Ⅲ.①电焊
Ⅳ.①TG443

中国版本图书馆 CIP 数据核字（2019）第 183280 号

| 责任编辑 | 闫庆健　王惟萍 |
| 责任校对 | 马广洋 |

出 版 者	中国农业科学技术出版社
	北京市中关村南大街 12 号　邮编：100081
电　　话	（010）82106625（编辑室）　　（010）82109704（发行部）
	（010）82109709（读者服务部）
传　　真	（010）82106625
网　　址	http://www.castp.cn
经 销 者	各地新华书店
印 刷 者	北京建宏印刷有限公司
开　　本	850mm×1 168mm　1/32
印　　张	6
字　　数	167 千字
版　　次	2019 年 9 月第 1 版　2019 年 9 月第 1 次印刷
定　　价	26.80 元

前　　言

随着我国经济建设飞速发展，城乡建设规模日益扩大，建筑施工队伍不断壮大，建筑工程基层施工人员肩负着重要的施工职责，是他们依据图纸上的建筑线条和数据，一砖一瓦地建成实实在在的建筑空间，他们技术水平的高低，直接关系到工程项目施工的质量和效率，关系到建筑物的经济和社会效益，关系到使用者的生命和财产安全，关系到企业的信誉、前途和发展。对此，我国在建筑行业实行关键岗位培训考核和持证上岗制度，对于提高从业人员的专业水平和职业素养、促进施工现场规范化管理、保证工程质量和安全以及推动行业发展和进步发挥了重要作用。

本丛书根据原建设部、劳动和社会保障部发布的《职业技能标准》和《职业技能岗位鉴定规范》，以实现全面提高建设领域职工队伍整体素质，加快培养具有熟练操作技能的技术工人，尤其是加快提高建筑业基层施工人员职业技能水平，保证建筑工程质量和安全，促进广大基层施工人员就业为目标，按照国家职业资格等级划分要求，结合农民工实际情况，具体以"职业资格五级（初级工）""职业资格四级（中级工）"和"职业资格三级（高级工）"为重点而编写，是专为建筑业基层施工人员"量身订制"的一套培训教材。

本丛书包括：《建筑机械操作工》《测量放线工》《建筑电工》《砌筑工》《电焊工》《钢筋工》《水暖工》《防水工》《抹灰工》《油漆工》。

本丛书内容不仅涵盖了先进、成熟、实用的建筑工程施工技术，还包括了现代新材料、新技术、新工艺、环境与职业健康安全、节能环保等方面的知识，内容全面、先进、实用，文字通俗易懂、语言生动，并辅以大量直观的图表，能满足不同文化层次的技术工人和读者的需要。

　　由于时间限制，以及作者水平有限，本丛书难免有疏漏和谬误之处，欢迎广大读者批评指正，以便再版时修订。

编著者
2019 年 8 月

目　　录

职业技能培训教材·建筑工程系列

电焊工

第一章

电焊工涉及法律法规及规范

>>> 第一节　电焊工涉及法律法规 <<<

一、《中华人民共和国建筑法》

1. 建筑法赋予电焊工的权利

（1）有权对影响人身健康的作业程序和作业条件提出改进意见，有权获得安全生产所需的防护用品，对危及生命安全和人身健康的行为有权提出批评、检举和控告。

（2）对建筑工程的质量事故、质量缺陷有权向建设行政主管部门或者其他有关部门进行检举、控告、投诉。

2. 保障他人合法权益

从事电焊工作业时应当遵守法律、法规，不得损害社会公共利益和他人的合法权益。

3. 不得违章作业

电焊工在作业过程中，应当遵守有关安全生产的法律、法规和建筑行业安全规章、规程，不得违章指挥或者违章作业。

4. 依法取得执业资格证书

从事建筑活动的电焊工技术人员，应当依法取得执业资格证书，并在执业资格证书许可的范围内从事建筑活动。

5. 安全生产教育培训制度

电焊工在施工单位应接受安全生产的教育培训，未经安全生产教育培训的电焊工不得上岗作业。

6. 施工中严禁违反的条例

必须严格按照工程设计图纸和施工技术标准施工，不得偷工减料或擅自修改工程设计。

7. 不得收受贿赂

在工程发包与承包中索贿、受贿、行贿，构成犯罪的，依法追究刑事责任；不构成犯罪的，分别处以罚款，没收贿赂的财物。

二、《中华人民共和国消防法》

1. 消防法赋予电焊工的义务

维护消防安全、保护消防设施、预防火灾、报告火警、参加有组织的灭火工作。

2. 造成消防隐患的处罚

电焊工在作业过程中，不得损坏、挪用或者擅自拆除、停用消防设施、器材，不得埋压、圈占、遮挡消火栓或者占用防火间距，不得占用、堵塞、封闭疏散通道、安全出口、消防车通道。人员密集场所的门窗不得设置影响逃生和灭火救援的障碍物。违者处 5 000 元以上 50 000 元以下罚款。

三、《中华人民共和国电力法》

电焊工在作业过程中，不得危害发电设施、变电设施和电力线路设施及其有关辅助设施；不得非法占用变电设施用地、输电线路走廊和电缆通道；不得在依法划定的电力设施保护区内堆放可能危及电力设施安全的物品。

四、《中华人民共和国计量法》

电焊工在作业过程中，不得破坏使用计量器具的准确度，损害国家和消费者的利益。

五、《中华人民共和国劳动法》《中华人民共和国劳动合同法》

1. 劳动法、劳动合同法赋予电焊工的权利

（1）享有平等就业和选择职业的权利。

（2）取得劳动报酬的权利。

（3）休息休假的权利。

（4）获得劳动安全卫生保护的权利。

（5）接受职业技能培训的权利。

（6）享受社会保险和福利的权利。

（7）提请劳动争议处理的权利。

（8）法律规定的其他劳动权利。

2. 劳动合同的主要内容

（1）用人单位的名称、住所和法定代表人或者主要负责人。

（2）劳动者的姓名、住址和居民身份证或者其他有效身份证件号码。

（3）劳动合同期限。

（4）工作内容和工作地点。

（5）工作时间和休息休假。

（6）劳动报酬。

（7）社会保险。

（8）劳动保护、劳动条件和职业危害防护。

（9）法律、法规规定应当纳入劳动合同的其他事项。

（10）劳动合同除前款规定的必备条款外，用人单位与劳动者可以约定试用期、培训、保守秘密、补充保险和福利待遇等其他事项。

3. 劳动合同订立的期限

根据国家法律规定，在用工前订立劳动合同的，劳动关系自用工之日起建立。已建立劳动关系，未同时订立书面劳动合同的，应当自用工之日起1个月内订立书面劳动合同。

4. 劳动合同的试用期限

劳动合同期限3个月以上不满1年的，试用期不得超过1个月；劳动合同期限1年以上不满3年的，试用期不得超过2个月；3年以上固定期限和无固定期限的劳动合同，试用期不得超过6个月。

5. 劳动合同中不约定试用期的情况

以完成一定工作任务为期限的劳动合同或者劳动合同期限不满3个月的，不得约定试用期。

6. 劳动合同中约定试用期不成立的情况

劳动合同仅约定试用期的，试用期不成立，该期限为劳动合同期限。

7. 试用期的工资标准

试用期的工资不得低于本单位相同岗位最低档工资或者劳动合同约定工资的 80%，并不得低于用人单位所在地的最低工资标准。

8. 没有订立劳动合同情况下的工资标准

用人单位未在用工的同时订立书面劳动合同，与劳动者约定的劳动报酬不明确的，新招用的劳动者的劳动报酬按照集体合同规定的标准执行，没有集体合同或者集体合同未规定的，实行同工同酬。

9. 无固定期限劳动合同

无固定期限劳动合同，是指用人单位与劳动者约定无确定终止时间的劳动合同。

10. 固定期限劳动合同

固定期限劳动合同，是指用人单位与劳动者约定合同终止时间的劳动合同。电焊工在该用人单位连续工作满 10 年的，应当订立无固定期限劳动合同。

11. 工作时间制度

国家实行劳动者每日工作时间不超过 8 小时、平均每周工作时间不超过 44 小时的工时制度。

12. 休息时间制度

用人单位应当保证劳动者每周至少休息 1 日，在元旦、春节、国际劳动节、国庆节、法律、法规规定的其他休假节日期间应当依法安排劳动者休假。

13. 集体合同的工资标准

集体合同中劳动报酬和劳动条件等标准不得低于当地人民政府规定的最低标准；用人单位与劳动者订立的劳动合同中劳动报酬和劳动条件等标准不得低于集体合同规定的标准。

14. 非全日制用工

（1）非全日制用工，是指以小时计酬为主，劳动者在同一用人单位一般平均每日工作时间不超过 4 小时，每周工作时间累计不超过 24 小时的用工形式。

（2）非全日制用工双方当事人不得约定试用期。

六、《中华人民共和国安全生产法》

1. 安全生产法赋予电焊工的权利

（1）电焊工作业人员有权了解其作业场所和工作岗位存在的危险因素、防范措施及事故应急措施，有权对本单位的安全生产工作提出建议。

（2）电焊工作业人员有权对本单位安全生产工作中存在的问题提出批评、检举、控告；有权拒绝违章指挥和强令冒险作业。

（3）电焊工作业时，发现危及人身安全的紧急情况，有权停止作业或采取的应急措施后撤离作业场所。

（4）电焊工因生产安全事故受到损害，除依法享有工伤保险外，依照有关民事法律尚有获得赔偿权利的，有权向本单位提出赔偿要求。

（5）电焊工享有配备劳动防护用品、进行安全生产培训的权利。

2. 安全生产法赋予电焊工的义务

（1）作业过程中，应当严格遵守本单位的安全生产规章制度和操作规程，服从管理，正确佩戴和使用劳动防护用品。

（2）发现事故隐患或者其他不安全因素，应当立即向现场安全生产管理人员或者本单位负责人报告；接到报告的人员应当及时予以处理。

（3）认真接受安全生产教育和培训，掌握本职工作所需的安全生产知识，提高安全生产技能，增强事故预防和应急处理能力。

3. 电焊工人员应具备的素质

具备必要的安全生产知识，熟悉有关的安全生产规章制度和安全操作规程，掌握本岗位的安全操作技能，了解事故应急处理措施，知悉自身在安全生产方面的权利和义务。

4. 掌握四新

电焊工作业人员在采用新工艺、新技术、新材料、新设备的同时，必须了解、掌握其安全技术特性，采取有效的安全防护措施；严禁使用应当淘汰的危及生产安全的工艺、设备。

5. 员工宿舍

生产、经营、储存、使用危险物品的车间、商店、仓库不得与员工宿舍在同一座建筑物内，并与员工宿舍保持安全距离。员工宿舍应设有符合紧急疏散要求、标志明显、保持畅通的出口。

七、《中华人民共和国保险法》《中华人民共和国社会保险法》

1. 社会保险法赋予电焊工的权利

依法享受社会保险待遇，有权监督本单位为其缴费情况，有权查询缴费记录、个人权益记录，要求社会保险经办机构提供社会保险咨询等相关服务。

2. 用人单位应缴纳的保险

（1）基本养老保险，由用人单位和电焊工共同缴纳。

（2）基本医疗保险，由用人单位和电焊工按照国家规定共同缴纳基本医疗保险费。

（3）工伤保险，由用人单位缴纳按照本单位电焊工工资总额，根据社会保险经办机构确定的费率缴纳工伤保险费。

（4）失业保险，由用人单位和电焊工按照国家规定共同缴纳失业保险费。

（5）生育保险，由用人单位按照国家规定缴纳生育保险费。

3. 基本医疗保险不能支付的医疗费

（1）应当从工伤保险基金中支付的。

（2）应当由第三人负担的。

（3）应当由公共卫生负担的。

（4）在境外就医的。

4. 适用于工伤保险待遇的情况

因工作原因受到事故伤害或者患职业病，且经工伤认定的，享受工伤保险待遇；其中，经劳动能力鉴定丧失劳动能力的，享受伤残待遇。

5. 领取失业保险金的条件

（1）失业前用人单位和本人已经缴纳失业保险费满 1 年的。

（2）非因本人意愿中断就业的。

（3）已经进行失业登记，并有求职要求的。

6. 适用于领取生育津贴的情况

（1）女职工生育享受产假。

（2）享受计划生育手术休假。

（3）法律、法规规定的其他情形。

生育津贴按照电焊工所在用人单位上年度电焊工月平均工资计发。

八、《中华人民共和国环境保护法》

1. 环境保护法赋予电焊工的权利

发现地方各级人民政府、县级以上人民政府环境保护主管部门和其他负有环境保护监督管理职责的部门不依法履行职责的，有权向其上级机关或者监察机关举报。

2. 环境保护法赋予电焊工的义务

应当增强环境保护意识，采取低碳、节俭的生活方式，自觉履行环境保护义务。

九、《中华人民共和国民法通则》

民法通则赋予电焊工的权利。电焊工对自己的发明或科技成果，有权申请领取荣誉证书、奖金或者其他奖励。

十、《建设工程安全生产管理条例》

1. 安全生产条例赋予电焊工的权利

（1）依法享受工伤保险待遇。

（2）参加安全生产教育和培训。

（3）了解作业场所、工作岗位存在的危险、危害因素及防范和应急措施，获得工作所需的合格劳动防护用品。

（4）对本单位安全生产工作提出建议，对存在的问题提出批评、检举和控告。

（5）拒绝违章指挥和强令冒险作业，发现直接危及人身安全紧急情况时，有权停止作业或者采取可能的应急措施后撤离作业场所。

（6）因事故受到损害后依法要求赔偿。

（7）法律、法规规定的其他权利。

2. 安全生产条例赋予电焊工的义务

（1）遵守本单位安全生产规章制度和安全操作规程。

（2）接受安全生产教育和培训，参加应急演练。

（3）检查作业岗位（场所）事故隐患或者不安全因素并及时报告。

（4）发生事故时，应及时报告和处置。紧急撤离时，服从现场统一指挥。

（5）配合事故调查，如实提供有关情况。

（6）法律、法规规定的其他义务。

十一、《建设工程质量管理条例》

1. 建设工程质量管理条例赋予电焊工的义务

对涉及结构安全的试块、试件以及有关材料，应当在建设单位或者工程监理单位监督下现场取样，并送具有相应资质等级的质量检测单位进行检测。

2. 重大工程质量的处罚

（1）违反国家规定，降低工程质量标准，造成重大安全事故，构成犯罪的，对直接责任人员依法追究刑事责任。

（2）发生重大工程质量事故隐瞒不报、谎报或者拖延报告期限的，对直接负责的主管人员和其他责任人员依法给予行政处分。

（3）因调动工作、退休等原因离开该单位后，被发现在该单位工作期间违反国家有关建设工程质量管理规定，造成重大工程质量事故的，仍应当依法追究法律责任。

十二、《工伤保险条例》

1. 认定为工伤的情况

（1）在工作时间和工作场所内，因工作原因受到事故伤害的。

（2）工作时间前后在工作场所内，从事与工作有关的预备性或者收尾性工作受到事故伤害的。

（3）在工作时间和工作场所内，因履行工作职责受到暴力等意外伤害的。

（4）患职业病的。

（5）因工外出期间，由于工作原因受到伤害或者发生事故下落不明的。

（6）在上下班途中，受到非本人主要责任的交通事故或者城市轨道交通、客运轮渡、火车事故伤害的。

（7）法律、行政法规规定应当认定为工伤的其他情形。

2. 视同为工伤的情况

（1）在工作时间和工作岗位，突发疾病死亡或者在 48 小时之内经抢救无效死亡的。

（2）在抢险救灾等维护国家利益、公共利益活动中受到伤害的。

（3）电焊工原在军队服役，因战、因公负伤致残，已取得革命伤残军人证，到用人单位后旧伤复发的。

有前款第（1）项、第（2）项情形的，按照本条例的有关规定享受工伤保险待遇；有前款第（3）项情形的，按照本条例的有关规定享受除一次性伤残补助金以外的工伤保险待遇。

3. 工伤认定申请表的内容

工伤认定申请表应当包括事故发生的时间、地点、原因以及电焊工伤害程度等基本情况。

4. 工伤认定申请的提交材料

（1）工伤认定申请表。

（2）与用人单位存在劳动关系（包括事实劳动关系）的证明材料。

（3）医疗诊断证明或者职业病诊断证明书（或者职业病诊断鉴定书）。

5. 享受工伤医疗待遇的情况

（1）在停工留薪期内，原工资福利待遇不变，由所在单位按月支付。

（2）停工留薪期一般不超过 12 个月。伤情严重或者情况特殊，经设区的市级劳动能力鉴定委员会确认，可以适当延长，但延长期不得超过 12 个月。工伤职工评定伤残等级后，停发原待遇，按照本章的有关规定享受伤残待遇。工伤电焊工在停工留薪期满后仍需治疗的，继续享受工伤医疗待遇。

（3）生活不能自理的工伤电焊工在停工留薪期需要护理的，由所在单位负责。

6. 停止享受工伤医疗待遇的情况

工伤电焊工有下列情形之一的，停止享受工伤保险待遇。

（1）丧失享受待遇条件的。

（2）拒不接受劳动能力鉴定的。

（3）拒绝治疗的。

十三、《女职工劳动保护特别规定》

1. 女职工怀孕期间的待遇

（1）用人单位不得在女职工怀孕期、产期、哺乳期降低其基本工资，或者解除劳动合同。

（2）女职工在月经期间，所在单位不得安排其从事高空、低温、冷水和国家规定的第三级体力劳动强度的劳动。

（3）女职工在怀孕期间，所在单位不得安排其从事国家规定的第三级体力劳动强度的劳动和孕期禁忌从事的劳动，不得在正常劳动日以外延长劳动时间；对不能胜任原劳动的，应当根据医务部门的证明，予以减轻劳动量或者安排其他劳动。怀孕 7 个月以上（含 7 个月）的女职工，一般不得安排其从事夜班劳动；在劳动时间内应当安排一定的休息时间。怀孕的女职工，在劳动时间内进行产前检查，应当算作劳动时间。

2. 产假的天数

女职工产假为 98 天，其中产前休假 15 天。难产的，增加产假 15 天。多胞胎生育的，每多生育 1 个婴儿，增加产假 15 天。女职工怀孕流产的，其所在单位应当根据医务部门的证明，给予一定时间的产假。

⋙ 第二节　电焊工涉及规范 ⋘

电焊工涉及规范如下。

《直缝电焊钢管》（GB/T 13793—2016）。

《镍及镍合金焊丝》（GB/T 15620—2008）。

《电弧焊焊接工艺规程》（GB/T 19867.1—2005）。

《设备用图形符号　电焊设备通用符号》（GB/T 16273.3—1999）。

《电阻焊—与焊钳一体式的变压器》（GB/T 18495—2001）。

《弧焊设备　第 11 部分：电焊钳》（GB 15579.11—2012）。

《电焊锚链》（GB/T 549—2017）。

《焊接操作工　技能评定》（GB/T 19805—2005）。

《钨极惰性气体保护焊工艺方法》（JB/T 9185—1999）。

《二氧化碳气体保护焊工艺规程》（JB/T 9186—1999）。

《镀锌电焊网》（GB/T 33281—2016）。

《电阻点焊 电极接头，外锥度 1：10 第 2 部分：末端插入式圆柱柄配合》（GB/T 25297.2—2010）。

《焊管工艺设计规范》（GB 50468—2008）。

《隔离栅　第 3 部分：焊接网》（GB/T 26941.3—2011）。

《钢结构焊接规范》（GB 50661—2011）。

《焊接气瓶用钢板和钢带》（GB/T 6653—2017）。

《钢筋焊接接头试验方法标准》（JGJ/T 27—2014）。

《钢筋混凝土用钢　第 3 部分：钢筋焊接网》（GB/T 1499.3—2010）。

《钢结构焊接热处理技术规程》（CECS 330—2013）。

《钢筋焊接网混凝土结构技术规程》（JGJ 114—2014）。

《非合金钢及细晶粒钢焊条》（GB/T 5117—2012）。

《热强钢焊条》（GB/T 5118—2012）。

《氩》（GB/T 4842—2017）。

《溶解乙炔》（GB 6819—2004）。

第二章

电焊工岗位要求

>>> 第一节　电焊工执业资格考试的申报 <<<

一、报考初级电焊工应具备的条件

具备下列条件之一的，可申请报考初级电焊工：一是在同一职业（工种）连续工作 2 年以上或累计工作 4 年以上的。二是职业学校中专、职中、技校的毕业生。

二、报考中级电焊工应具备的条件

具备下列条件之一的，可申请报考中级电焊工：一是取得本职业初级职业资格证书后，连续从事本职业工作 3 年以上，经本职业中级正规培训达规定标准学时数，并取得毕（结）业证书。二是取得本职业初级职业资格证书后，连续从事本职业工作 5 年以上。三是连续从事本职业工作 6 年以上。四是取得经劳动保障行政部门审核认定的、以中级技能为培养目标的中等以上职业学校本职业毕业证书。

三、报考高级电焊工应具备的条件

具备下列条件之一的，可申请报考高级电焊工：一是取得本职业中级职业资格证书后，连续从事本职业工作 4 年以上，经本职业高级正规培训达规定标准学时数，并取得毕（结）业证书。二是取得本职业中级职业资格证书后，连续从事本职业工作 7 年以上。三是连续从事本职业工作 10 年以上。四是取得高级技工学校或经劳动保障行政部门审核认定的、以高级技能为培养目标的高等职业学校本职业毕业证书。五是取得本职业中级职业资格证书的大专以上本专业或相关专业毕业生，连续从事本职业工作2年以上。

>>> 第二节 电焊工执业资格考试考点 <<<

一、识图知识

（1）简单装配图的识读知识。

（2）焊接装配图识读知识。

（3）焊缝符号和焊接方法代号表示方法。

二、金属学及热处理知识

（1）金属晶体结构的一般知识。

（2）合金的组织结构及铁碳合金的基本组织。

（3）Fe－C 相图的构造及应用。

（4）钢的热处理基本知识。

三、常用金属材料知识

（1）常用金属材料的物理、化学和力学性能。

（2）碳素结构钢、合金钢、铸铁、有色金属的分类、牌号、成分、性能和用途。

四、电工基本知识

（1）直流电与电磁的基本知识。

（2）交流电基本概念。

（3）变压器的结构和基本工作原理。

（4）电流表和电压表的使用方法。

五、化学基本知识

（1）化学元素符号。

（2）原子结构。

（3）简单的化学反应式。

六、安全卫生和环境保护知识

（1）安全用电知识。

（2）焊接环境保护及安全操作规程。

（3）焊接劳动保护知识。

（4）特殊条件与材料的安全操作规程。

七、冷加工基础知识

（1）钳工基础知识。

（2）钣金工基础知识。

>>> 第三节 电焊工的工作要求 <<<

一、初级电焊工的工作要求

初级电焊工的工作要求，见表 2-1。

表 2-1 初级电焊工的工作要求

职业功能	工作内容	技能要求	相关知识
焊前准备	劳动保护准备	1. 能够正确准备个人劳保用品 2. 能够进行场地设备、工卡具安全检查	1. 焊接环境的有害因素和防止措施知识（劳动卫生、安全事故等） 2. 安全用电知识 3. 手工电弧安全操作规程（包括一般条件及特殊条件下的操作规程）
	焊接材料准备	能够正确选择及使用焊条	1. 焊条的组成和作用 2. 焊条的分类及型号 3. 碳钢焊条的选择和使用
	工件准备	能够识别金属牌号	金属材料基本知识
		能够正确识图	1. 焊接装配图知识 2. 焊缝符号和焊接方法代号的表示方法

职业功能	工作内容	技能要求	相关知识
焊前准备	工件准备	能够进行焊接坡口准备	1. 焊接接头种类 2. 坡口形式及坡口尺寸 3. 坡口清理
	设备准备	能够正确选用手弧焊机	1. 手弧焊机的种类及型号 2. 焊机铭牌 3. 弧焊电源的要求
		能够正确选用焊钳及焊接电缆	焊钳及焊接电缆的选用原则
焊接	根据实际情况选择工作内容	能够运用手工电弧焊和气焊（气割）对低碳钢进行焊接（切割）	
	手工电弧焊	能够正确使用手弧焊机	1. 焊接概述 2. 手弧焊机的调节及使用方法
		能够正确选择手弧焊工艺参数	1. 手工电弧焊工艺特点 2. 手弧焊工艺参数及其选择
		1. 能够进行焊接电弧的引燃、运条、收弧 2. 能够进行工件的组对及定位焊	焊接电弧知识
		1. 能够进行低碳钢平板平焊位的单面焊双面成型 2. 能够进行低碳钢平板的立焊、横焊 3. 能够进行角接及"T"形接头焊接 4. 能够进行低碳钢的水平转动管焊接	手工电弧焊操作要点
	气焊、气割	能够正确使用气焊、气割设备、工具及材料	1. 气焊、气割原理及其应用范围 2. 气焊、气割设备及工具 3. 气焊、气割材料

职业技能培训教材·建筑工程系列

电焊工

职业功能	工作内容	技能要求	相关知识
焊接	气焊、气割	能够进行低碳钢和低合金钢的气焊和气割	1. 气焊、气割工艺 2. 气焊、气割安全操作规程
	碳弧气刨	能够进行碳弧气刨的设备、工具和材料的选择	1. 碳弧气刨原理 2. 碳弧气刨设备、工具和材料
		能够进行低碳钢和低合金钢的碳弧气刨	常用金属材料的碳弧气刨
焊后检查	外观检查	能够进行焊缝外观尺寸和表面缺陷的检查	1. 焊接外部缺陷种类 2. 焊缝外观缺陷产生原因和防止方法
	缺陷返修和焊补	能够正确进行返修和焊补	1. 返修要求 2. 返修和焊补方法

二、中级电焊工的工作要求

中级电焊工的工作要求，见表2-2。

表2-2　中级电焊工的工作要求

职业功能	工作内容	技能要求	相关知识
焊前准备	安全检查	能够进行场地设备、工卡具安全检查	安全操作规程
	焊接材料准备	正确选择和使用常用金属材料的焊条	1. 焊接冶金原理 2. 常用金属材料的焊条选择和使用
		正确选择和使用焊剂	1. 焊剂的作用 2. 焊剂的分类及型号 3. 焊剂的使用
		正确选择和使用保护气体	1. 保护气体的种类及性质 2. 保护气体使用
		正确选择和使用焊丝	焊丝的种类、型号、成分、性能及使用

职业功能	工作内容	技能要求	相关知识
焊前准备	工件准备	1. 能够进行不同位置的焊接坡口的准备 2. 能够控制焊接变形 3. 能够进行焊前预热 4. 能够进行焊件组对及定位焊	1. 不同焊接位置的坡口选择 2. 焊接变形知识 3. 焊前预热作用和方法 4. 组对及定位焊基本要求
	设备准备	能正确选择手弧焊机、埋弧焊机、气体保护焊机、电阻焊机等及辅助装置	1. 埋弧焊机分类及组成 2. 埋弧焊机工作原理 3. 钨极氩弧焊机及辅助装置 4. 二氧化碳气体保护焊机及辅助装置
焊接	手工电弧焊	1. 能够进行低碳钢平板对接立焊、横焊的单面焊双面成型 2. 能够进行低碳钢平板对接的仰焊 3. 能够进行低碳钢管垂直固定的单面焊双面成型 4. 能够进行低碳钢管板插入式各种位置的焊接 5. 能够进行低碳钢管的水平固定焊接	1. 不同位置的焊接工艺参数 2. 不同位置焊接的操作工艺要点
	埋弧焊	能够进行埋弧焊机的操作	1. 埋弧焊工作原理、特点及应用范围 2. 埋弧焊自动调节原理
		能够正确选择埋弧焊工艺参数	埋弧焊工艺参数
		能够进行中、厚板的平板对接观面焊	埋弧焊操作要点

职业技能培训教材·建筑工程系列

电焊工

职业功能	工作内容	技能要求	相关知识
焊接	钨极氩弧焊	能够正确选择手工钨极氩弧焊工艺	1. 手工钨极氩弧焊工作原理、特点及应用范围 2. 手工钨极氩弧焊工艺参数
		1. 能够进行管的手工钨极氩弧焊对接单面焊双面成型 2. 能够进行管的手工钨极氩弧焊打底，手工电弧焊填充、盖面	手工钨极氩弧焊操作要点
	二氧化碳气体保护焊	能够正确选择半自动二氧化碳气体保护焊工艺	1. 二氧化碳气体保护焊工作原理、特点及应用范围 2. 二氧化碳气体保护焊的熔滴过渡及飞溅 3. 半自动二氧化碳气体保护焊工艺
		能够进行半自动二氧化碳气体保护焊板的各种位置单面焊双面成型	半自动二氧化碳焊接操作要点
	电阻焊	1. 能够正确选择电阻焊工艺参数 2. 能够进行电阻焊机操作 3. 能够进行薄板点焊、钢筋对焊	1. 电阻焊原理、分类、特点及应用范围 2. 点焊工艺 3. 对焊工艺 4. 二点焊和对焊操作要点
	等离子焊接与切割	能够进行奥氏体不锈钢的等离子切割	等离子电弧特点及分类
		能够进行奥氏体不锈钢的焊接	1. 等离子焊接方法分类 2. 等离子焊接工艺

职业功能	工作内容	技能要求	相关知识
焊接	其他焊接方法运用（钎焊等）	能够运用所选用的焊接方法进行焊接	1. 其他焊接方法的原理和应用范围 2. 其他焊接方法的设备及工艺
	控制焊接接头的组织和性能	能够控制焊后焊接接头中出现的各种组织	1. 焊接熔池的一次结晶、二次结晶 2. 焊缝中的有害气体及有害元素的影响 3. 焊接接头热影响区的组织和性能
		能够控制和改善焊接接头的性能	1. 影响焊接接头的因素 2. 控制和改善焊接接头性能的措施
	控制焊接应力及变形	能够控制和矫正焊接残余变形	1. 焊接应力及变形产生的原因 2. 焊接残余变形和残余应力的分类 3. 控制焊接残余变形的措施 4. 矫正残余变形的方法
		能够减少和消除焊接残余应力	1. 减少焊接残余应力的措施 2. 消除残余应力的方法
	低合金结构钢的焊接	能够选择低合金结构钢焊接材料和工艺	1. 焊接性概念 2. 低合金结构钢的焊接性 3. 低合金结构钢焊接工艺
	珠光体耐热钢和低温钢的焊接	能够选择珠光体耐热钢和低温钢焊接材料和工艺	1. 珠光体耐热钢和低温钢的焊接性 2. 珠光体耐热钢和低温钢的焊接工艺
	奥氏体不锈钢的焊接	能够选择奥氏体不锈钢焊接材料和工艺	1. 不锈钢的分类及性能 2. 奥氏体不锈钢的焊接性 3. 奥氏体不锈钢焊接工艺
焊后检查	焊接缺陷分析	能够防止焊接缺陷	1. 焊接缺陷的种类和特征 2. 焊接缺陷的危害 3. 焊接缺陷产生的原因 4. 焊接缺陷的防止措施
		能够进行焊接缺陷的返修	1. 焊接缺陷返修要求 2. 焊接缺陷返修方法

职业功能	工作内容	技能要求	相关知识
焊后检查	焊接检验	能够对焊接接头外观缺陷进行检验	1. 焊接检验方法分类 2. 焊接检验方法的应用范围
		能够根据力学性能和 X 射线检验的结果评定焊接质量	1. 破坏性检验方法 2. 力学性能评定标准 3. 非破坏性检验方法的工作原理 4. X 射线评定标准

三、高级电焊工的工作要求

高级电焊工的工作要求，见表 2-3。

表 2-3　高级电焊工的工作要求

职业功能	工作内容	技能要求	相关知识
焊前准备	安全检查	能够进行场地、设备、工卡具安全检查	安全操作规程
	焊接材料准备	能够正确选用和使用焊条及焊丝	铸铁、有色金属、异种金属等的焊条及焊丝选择和使用
	工件准备	能够进行铸铁、有色金属、异种金属等的坡口准备	1. 铸铁、有色金属、异种金属性质 2. 铸铁、有色金属、异种金属焊前准备要求
	设备准备	能够进行焊接设备的调试	焊接设备调试方法
焊接	焊接接头试验	能够进行焊接接头试验试件的制备	1. 焊接接头力学性能试验 2. 焊接接头焊接性试验
	铸铁焊接	能够进行灰口铸铁的焊补	1. 铸铁的分类 2. 铸铁的焊接性 3. 铸铁焊接工艺
	有色金属焊接	能够进行铝及其合金的焊接	1. 铝及其合金的分类 2. 铝及其合金的焊接性 3. 铝及其合金的焊接工艺

职业功能	工作内容	技能要求	相关知识
焊接	有色金属焊接	能够进行铜及其合金的焊接	1. 铜及其合金的分类 2. 铜及其合金的焊接性 3. 铜及其合金的焊接工艺
		能够进行钛及其合金的焊接	1. 钛及其合金的分类及性质 2. 钛及其合金的焊接性 3. 钛及其合金的焊接工艺
	异种金属的焊接	能够进行珠光体钢和奥氏体不锈钢的单面焊双面成型	1. 异种钢的焊接性 2. 珠光体钢和奥氏体不锈钢（含复合钢板）的焊接工艺
		能够进行低碳钢与低合金钢的焊接	1. 低碳钢与低合金钢的焊接性 2. 低碳钢与低合金钢的焊接工艺
	手工电弧焊或其他焊接方法运用	1. 能够进行平板对接仰焊位单面焊双面成型 2. 能够进行管对接水平固定位置的单面焊双面成型 3. 能够进行骑座式管板的仰焊位置单面焊双面成型 4. 能够进行小直径管垂直固定和水平固定加障碍的单面焊双面成型； 5. 能够进行小直径管45°倾斜固定单面焊双面成型	各种位置焊接的操作要点
	典型容器和结构焊接	能够进行典型容器和结构的焊接	1. 锅炉及压力容器结构的特点和焊接 2. 梁及柱的特点和焊接
焊后检查	焊接缺陷分析	1. 能够防止特殊材料的焊接缺陷 2. 能够防止典型容器和结构的焊接缺陷	1. 特殊材料焊接缺陷产生原因及防止措施 2. 典型容器和结构焊接缺陷产生原因及防止措施
	焊接检验	1. 能够进行渗透试验 2. 能够进行水压试验	

≫ 第四节　建筑工人素质要求 ≪

建设工程技术人员的职业道德规范，与其他岗位相比更具有独特的内容和要求，这是由建设施工企业所生产创造的产品特点决定的。建设企业的施工行为是开放式的，从开工到竣工，现场施工人员的一举一动都通过建设项目产生社会影响。在施工过程中，某道工序、某项材料、某个部位的质量疏忽，会直接影响整个工程的正常推进。因此，其质量意识必须比其他行业更强，要求更高，且建设施工企业"重合同、守信用"的信誉度要求比一般行业都高。由此可见，建设行业的特点决定了建设施工企业道德建设的特殊性和严谨性，建设工程技术人员的职责要求也更高。

建设工程技术人员职业道德的高低，也显现在对岗位责任的表现上，一个职业道德高尚的人，必定也是一个对岗位职责认真履行的人。

一、加强技术人员职业道德建设的重要性

建设工程技术人员的职业道德具有与其行业相符的特殊要求，因此其重要性显得尤为突出。在市场经济条件下，企业要在激烈的市场竞争中站稳脚跟，就必须要进行职业道德建设。企业的生存和发展在任何条件下，都需要多找任务、找好任务，最重要的一条，是尽可能地满足业主要求，做到质量优、服务好、信誉高，这样才能在市场上占领更大的份额。职业道德是建设施工企业参与市场竞争的"入场券"，企业信誉来源于每个职工的技术素质和对施工质量的重视，以及企业职工职业道德的水平。由此可见，企业职工个人的职业道德是企业职业道德的基础，只有职工的道德水平提高了，整个企业的道德水平才能提高，企业才能在市场上赢得赞誉。

二、制定有行业特色的职业道德规范

《中共中央关于加强社会主义精神文明建设若干重要问题的决议》为规范职业道德明确提出了"爱岗敬业、诚实守法、办事公道、服务群众、奉献社会"的二十字方针，这是社会主义企业

职业道德规范的总纲。各行各业在制定自己的职业道德规范时，必须要蕴涵有行业的鲜明特色和独有的文化氛围。

建设施工行业作为主要承担建设的单位，有着不同于其他企业的行业特点。因此，建设施工行业制定行业道德规范时，除了"敬业、勤业、精业、乐业"以及岗位规范等内容外，还必须重点突出将质量意识放在首位、弘扬吃苦耐劳精神和集体主义观念、突出廉洁自律意识。

三、加强职业道德的环境建设

营造良好的企业文化氛围，全面提高职工的职业道德水平，对建设行业来说有着非常重要的意义，企业的内部环境直接影响职工的职业道德水平。古人云："近墨者黑，近朱者赤。"营造良好的职业道德氛围可以从加强企业精神文明建设、树立企业先进人物模范、建立企业职工培训机制、大力开展各种创建活动等方面入手。

四、施工技术人员职业道德规范细则

1. 热爱科技，献身事业

树立"科技是第一生产力"的观念，敬业爱岗，勤奋钻研，追求新知，掌握新技术、新工艺，不断更新业务知识，拓宽视野，忠于职守，辛勤劳动，为企业的振兴与发展贡献自己的力量。

2. 深入施工实际现场，勇于攻克难题

深入基层，深入现场，理论和实际相结合，科研和生产相结合，把施工生产中的难点作为工作重点，知难而进，百折不挠，不断解决施工生产中的技术难题，提高生产效率和经济效益。

3. 一丝不苟，精益求精

牢固确立精心工作、求实认真的工作作风。施工中严格执行建设技术规范，认真编制施工组织设计，做到技术上精益求精，工程质量上一丝不苟，为用户提供合格建设产品，积极推广和运用新技术、新工艺、新材料、新设备，大力发展建设高科技，不断提高建设科学技术水平。

4. 以身作则，培育新人

谦虚谨慎，尊重他人，善于合作共事，搞好团结协作，既

当好科学技术带头人，又甘当铺路石，培育科技事业的接班人，大力做好施工科技知识在职工中的普及工作。

5. 严谨求实，坚持真理

培养严谨求实，坚持真理的优良品德，在参与可行性研究时，坚持真理，实事求是，协助领导科学地决策；在参与投标时，从企业实际出发，以合理造价和合理工期进行投标；在施工中严格执行施工程序、技术规范、操作规程和质量安全标准。

第三章

电焊工常用材料

》》第一节　金属材料 《《

一、金属材料的性能

1. 金属材料的物理和化学性能

（1）热膨胀性。金属材料受热时体积胀大的特性。通常用线膨胀系数作为衡量热膨胀性的指标。

（2）导热性。金属材料传导热量的性能。

（3）导电性。金属材料能够传递电荷的性能。

（4）导磁性。金属材料导磁的性能。钢材中除单相奥氏体钢外，其余均能导磁。

（5）抗氧化性。金属材料在一定的温度和介质条件下抵抗氧化的能力。

（6）耐腐蚀性。金属材料抵抗不同介质侵蚀的能力。

（7）长期组织稳定性。金属材料在高温条件下长期保持其原有组织的性能。

2. 金属材料的力学性能

所谓力学性能是指金属在外力作用时表现出来的性能，包括强度、塑性、硬度、韧性及疲劳强度等。

表示金属材料各项力学性能的具体数据是通过在专门试验机上试验和测定而获得的。

（1）强度。是指材料在外力作用下抵抗塑性变形和破裂的能力。抵抗能力越大，金属材料的强度越高。强度的大小通常用应力来表示，根据载荷性质的不同，强度可分为屈服强度、抗拉强度、抗压强度、抗剪强度、抗扭强度和抗弯强度。在机械制造中常用抗拉强度作为金属材料性能的主要指标。

①屈服强度。钢材在拉伸过程中当载荷不再增加甚至有所下降时，仍继续发生明显的塑性变形现象，称为屈服现象。材料产生屈服现象时的应力，称为屈服强度，用符号 σ_s 表示。其计算方法为：

$$\sigma_s = \frac{F_s}{S_0}$$

式中：σ_s——屈服强度，MPa；

$\quad\quad F_s$——材料屈服时的载荷，N；

$\quad\quad S_0$——试样的原始截面积，mm^2。

有些金属材料（如高碳钢、铸铁等）没有明显的屈服现象，测定 σ_s 很困难。在此情况下，规定以试样长度方向产生 0.2% 塑性变形时的应力作为材料的"条件屈服极限"，用 $\sigma_{0.2}$ 表示。

屈服强度标志着金属材料对微量变形的抗力。材料的屈服强度越高，表示材料抵抗微量塑性变形的能力也越高。因此，材料的屈服强度是机械设计计算时的主要依据之一，是评定金属材料质量的重要指标。

②抗拉强度。钢材在拉伸时，材料在拉断前所承受的最大应力，称为抗拉强度。用符号 σ_b 表示。其计算方法为：

$$\sigma_b = \frac{F_b}{S_0}$$

式中：σ_b——抗拉强度，MPa；

$\quad\quad F_b$——试样破坏前所承受的最大拉力，N；

$\quad\quad S_0$——试样的原始横截面积，mm^2。

抗拉强度是材料破坏前所承受的最大应力。σ_b 的值越大，表示材料抵抗拉断的能力越大。它也是衡量金属材料强度的重要指标之一。其实用意义是：金属结构所承受的工作应力达到材料的抗拉强度时就会产生断裂，造成严重事故。

（2）弹性。金属材料在外力作用下会产生变形。当外力去掉后变形也随之消失的变形叫作弹性变形。发生弹性变形时，变形前后金属材料的形状没有发生变化，只是在受外力作用时，金属材料的形状有变化。这种受外力作用产生变形，当外力去掉后能恢复其原来形状的性能叫作弹性。

（3）塑性。断裂前金属材料产生永久变形的能力，称为塑性。一般用抗拉试棒的伸长率和断面收缩率来衡量。

①伸长率 δ。金属材料试样拉断后，试样标距（基准长度）的长度增加量与原始标距的百分比称为伸长率，用符号 δ 表示。计算公式如下：

$$\delta（\%）= \frac{L_1 - L_0}{L_0} \times 100$$

式中：δ——断后伸长率，%；

L_1——试样拉断后的标距，mm；

L_0——试样原始标距，mm。

根据试样标距的长度与试样截面积的关系，可将试样分为长试样和短试样两种，其伸长率分别用 δ_{10} 和 δ_5 表示。对于同种材料，δ_5 的数值通常大于 δ_{10}。在我国金属材料标准中，伸长率一般以 δ_5 来要求。

②断面收缩率。试样拉断后截面积的减小量与原截面积之比值的百分率，称为断面收缩率。用符号 ψ 来表示，其计算方法如下：

$$\psi（\%）= \frac{S_0 - S_1}{S_0} \times 100$$

式中：ψ——断面收缩率，%；

S_0——试样原始截面积，mm^2；

S_1——试样拉断后断口处的截面积，mm^2。

δ 和 ψ 的值越大，表示金属材料的塑性越好。这样的金属可以发生大的塑性变形而不破坏。

（4）硬度。硬度是衡量钢材软硬程度的一种性能指标。生产中应用最多的是压入硬度法。所测得的硬度值反映了材料表面抵抗另一物体压入时所引起的塑性变形能力。常用的压入式硬度指标有布氏硬度、洛氏硬度和维氏硬度，分别以 HB、HR（HRA、

HRB、HRC）和 HV 表示。硬度值和强度值之间存在着近似的经验关系式。实践中，常常用实测的硬度值估算钢材的强度。

（5）冲击韧性。金属材料抗冲击载荷不致被破坏的性能，称为韧性。它的衡量指标是冲击韧性值。冲击韧性值指试样冲断后缺口处单位面积所消耗的功，用符号 α_k 表示。α_k 值越大，材料的韧性越好；反之，α_k 值越小，脆性越大。材料的冲击韧性值与温度有关，温度越低，冲击韧性值越小。

（6）冷弯角。冷弯试验是检验钢材承受弯曲变形能力的试验，它的作用之一是间接反映钢材的塑性。冷弯试验是将一定形状和尺寸的试样放置于弯曲装置上，以规定的弯芯将试样弯曲到所要求的角度后，卸除试验力检查试样承受变形能力。冷弯即指在室温下进行的弯曲试验。

冷弯角通常指规定的弯曲角度。冷弯角越大，则弯曲试样受拉面承受的塑性变形越大。冷弯角以符号 α 表示，其单位是度。对于焊接接头的横向弯曲试验，按受拉面所处位置有面弯试样、背弯试样和侧弯试样。

（7）疲劳强度。金属材料在无数次重复交变载荷作用下，而不致破坏的最大应力，称为疲劳强度。实际上并不可能做无数次交变载荷试验，所以一般试验时规定，钢在经受 $10^6 \sim 10^7$ 次，有色金属经受 $10^7 \sim 10^8$ 次交变载荷作用时不产生破坏的最大应力，称为疲劳强度。

（8）持久强度。持久强度是钢材在高温长期载荷作用下抵抗断裂的能力。即在一定的温度下，恰好使材料经过规定时间发生断裂的应力值。

3. 金属材料的工艺性能

（1）金属材料的焊接性能。

①焊接性。焊接性指一种金属材料采用某种焊接工艺获得优良焊缝的难易程度。焊接性包含焊接接头出现焊接缺陷的可能性，以及焊接接头在使用中的可靠性（如耐磨、耐热、耐腐蚀等）。

②影响金属焊接性的因素。影响金属材料焊接性的因素很

多，主要有材料、工艺、设计和服役条件等。例如钢的含碳量、合金元素及其含量采用的焊接工艺。含碳低的钢焊接性好，而含碳高、含有合金元素的钢焊接性差。铝采用焊条电弧焊时焊接性差，而采用氩弧焊时焊接性则较好。

设计因素主要指焊接结构与焊接接头形式。接头断面的过渡、焊缝的位置、焊缝的集中程度等。

服役条件因素主要指焊接结构的工作温度、载荷类型（如静载、动载、冲击）和工作环境（干燥、潮湿、盐雾及腐蚀性介质等）。

（2）其他工艺性能。除了焊接性能外，钢材的轧制性能、成形性能等对特种设备设计制造安装工艺和质量也有很大的影响。常见的性能指标有钢管的压扁试验、卷边试验、扩口试验、弯曲试验等。

二、金属材料的分类

1. 按化学成分分类

按化学成分，可将钢分为碳素钢和合金钢两大类。

（1）碳素钢。钢和铸铁的主要元素都是铁和碳，钢的含碳量＜2.11％，铸铁的含碳量为 2.11％～6.67％。钢材中除含有铁和碳元素外，还含有少量锰和硅（这是在炼钢时作为脱氧剂加入的）以及极少量的硫和磷（炼钢原料的杂质），这种钢就是碳素钢。碳素钢按含碳量又分为低碳钢（含碳量＜0.25％）、中碳钢（含碳量 0.25％～0.60％）和高碳钢（含碳量＞0.60％）。

（2）合金钢。为提高钢材的力学性能（如强度、塑性等）以及获得某些特殊性质（如耐腐蚀、耐磨等），在钢材中加入某些合金元素，如铬、镍、钛、钼、钨、钒、锰等，这种钢就是合金钢。合金钢按合金元素的多少可分为低合金钢（合金总含量≤5％）、中合金钢（合金总含量为 5％～10％）、高合金钢（合金总含量＞10％）。根据合金钢中含有的主要合金元素的种类，合金钢又可分别称为锰钢、铬钼钢等。

2. 按品质分类

根据钢中含有害杂质磷、硫的含量，可分为普通钢、优质钢和高级优质钢。

（1）普通钢。含硫量小于 0.055％～0.065％，含磷量＜0.045％～0.085％的是普通钢。

（2）优质钢。含硫量小于 0.030％～0.045％，含磷量＜0.035％～0.040％的是优质钢。

（3）高级优质钢。含硫量小于 0.020％～0.030％，含磷量＜0.027％～0.035％的是高级优质钢。

3. 按金相组织分类

（1）按退火后的金相组织分类。按退火后的金相组织分类可分为亚共析钢（组织为铁素体＋珠光体）、共析钢（组织全部为珠光体）、过共析钢（组织为二次渗碳体＋珠光体）。

（2）按正火后钢的金相组织分类。按正火后钢的金相组织分类可分为珠光体钢、贝氏体钢和奥氏体钢。

（3）按加热到高温或由高温冷却到室温时有无相变和在室温时的主要金相组织分类。按加热到高温或由高温冷却到室温时有无相变和在室温时的主要金相组织分类，可分为铁素体钢、半铁素体钢、半奥氏体钢、奥氏体钢。这一分类方法只适用于高合金钢。

4. 按用途分类

根据用途的不同可分为结构钢、工具钢、特殊性能钢和专业用钢。

（1）结构钢。结构钢主要用于工程结构和机械零件，如桥梁、船舶、建筑、轴、箱体、齿轮等。

（2）工具钢。工具钢用于刀具、量具、模具等。

（3）特殊性能钢。特殊性能钢主要用于需要具备特殊性质处，可细分为不锈耐酸钢、耐热钢、耐磨钢、低温钢和电工用钢。其中不锈耐酸钢、耐热钢和低温钢在锅炉压力容器压力管道应用较多。

（4）专业用钢。专业用钢可细分为船舶用钢、桥梁用钢、压力容器用钢、锅炉用钢、钢轨钢等。

三、钢材的牌号及焊接性评价

1. 钢材的牌号

钢材的牌号比较复杂，下面简要介绍焊接常见的钢材牌号，如 10、20g、Q235A 和 16MnR 等几种牌号的含义。

（1）表示钢材的平均含碳量。如上列牌号中的 10、20g、16MnR 等。钢材平均含碳量是以万分之一（0.01%）作单位的。例如，钢材牌号"10"，即表示优质碳素结构钢，平均含碳量为 0.1%（10×0.01%＝0.1%）。

（2）表示钢材的用途。如上列牌号中的"g"表示锅炉钢，"R"表示压力容器用钢。

（3）表示钢材的主要合金元素。如上列牌号中的"Mn"，即表示平均含锰量<1.5%。

由此可以看出牌号 16MnR 各部分的含义是："16"表示平均含碳量为 0.16%，"Mn"表示平均含锰量<1.5%，"R"表示压力容器用钢。

（4）表示钢材的力学性能和质量。如上述牌号中的 Q235A，"Q"表示屈服点字母，"235"表示屈服点为 235MPa，"A"表示质量等级为 A 级。

2. 钢材焊接性的评价方法

各种钢材所含合金元素的种类和含量不同，其可焊性也就有差别。生产实践的经验证明，钢中含碳量的多少对焊接性影响很大。碳当量法就是把钢中各种元素都分别按照相当于若干钢材的焊接性最常用的评价方法是碳当量法。将钢材中合金元素（包括碳）的含量按其作用换算成碳的相当含量称为碳当量。使用碳当量可以评价钢焊接时产生冷裂纹的倾向和脆化倾向。

对于碳钢和低合金结构钢，碳当量计算公式如下：

$$C_E = C + \frac{Mn}{6} + \frac{Ni + Cu}{15} + \frac{Cr + Mo + V}{5} \quad (\%)$$

式中右边各项中的元素符号表示钢中化学成分元素含量，%。

对于某种材料，用碳当量法求出其碳当量后，再与经验数据结合，即可判断其焊接性。

当 C_E<0.4％时，焊接性优良，淬硬倾向不明显，焊接时不必预热；

当 C_E=0.4％～0.6％时，钢材的淬硬倾向逐渐明显，需要采取适当预热，控制线能量等工艺措施；

当 C_E>0.6％时，淬硬倾向更强，属于较难焊的材料，需采取较高的预热温度和严格的工艺措施。

利用碳当量来评定钢材的焊接性，只是一种近似的方法，因为碳当量法虽然考虑了化学成分对焊接性的影响，却没有考虑结构刚性、板厚、扩散氢含量等因素。

四、金属材料的焊接

1. 钢材的焊接

（1）碳素钢的焊接。低碳钢是焊接钢结构中应用最广的材料。它具有良好的焊接性，可采用交直流焊机进行全位置焊接，工艺简单，使用各种焊法施焊都能获得优质的焊接接头。不过，在低温（－10℃以下）和焊厚件（大于 30 mm）以及焊接含硫磷较多的钢材时，有可能产生裂纹，应采取适当预热等措施。

中碳钢和高碳钢在焊接时，常发生下列困难。

①在焊缝中产生气孔。

②在焊缝和近缝区产生淬火组织甚至发生裂缝。这是由于中碳钢和高碳钢的含碳量较高，焊接时，若熔池脱氧不足，FeO 与碳作用生成 CO，形成 CO 气孔。

另外，由于钢的含碳量大于 0.28％时容易淬火，因此焊接过程中，可能出现淬火组织。有时由于高温停留时间过长，在这些区域还会出现粗大的晶粒，这是塑性较差的组织。当焊接厚件或刚性较大的构件时，焊接内应力就可能使这些区域产生裂缝。

焊接碳素钢时应加强对熔池的保护，防止空气中的氧侵入熔池，在药皮中加入脱氧剂等。焊接含碳量较高的碳素钢时，为防止出现淬硬组织和裂纹，应采取焊前预热和焊后缓冷等措施，以及后面讨论的减小焊件变形的其他措施。

（2）合金钢的焊接。合金钢是在碳钢的基础上，为了获得特定的性能（如高强度、耐热、耐腐蚀、耐低温等）有目的的加入一种或多种合金元素。在结构钢中加入了少量的合金成分可极大的提高钢的性能，低合金高强度钢在结构用钢中得到了广泛的应用。而特殊用途钢（不锈钢、耐热钢、耐酸钢、磁钢等）基本都是合金钢。

合金钢焊接的主要特点是，在热影响区有淬硬倾向和出现裂纹，随着强度等级的提高；或采用过快的焊接速度、过小的焊接电流；或在寒冷、大风的作业环境中焊接，都会促使淬硬倾向和裂纹的增加。

因此，焊接合金钢时，应尽可能减缓焊后冷却速度和避免不利的工作条件。用电弧焊接时，最好进行 $100\sim200℃$ 的低温预热，采用多层焊。要尽可能采取前述减小应力的措施，特别重要的工件可以在焊后进行热处理。

2. 铸铁和有色金属的焊接

（1）铸铁的焊接。铸铁比钢材的焊接性较差。铸铁在焊接时只要冷却速度稍快就会产生脆硬白口组织，它的硬度很高，很难进行机械加工。另外，片状石墨把金属组织分割开来，使得铸铁的塑性很差，延伸率几乎等于零，在焊接应力作用下，易产生裂纹。

铸铁焊接裂纹可分为冷裂纹与热裂纹。当焊缝组织为铸铁型时，较易出现冷裂纹，若焊缝的石墨化不充分，有白口层存在时，因白口层的收缩率比灰铸铁大，更容易出现裂纹。当采用镍基焊接材料及一般常用的低碳钢焊条焊接铸铁时，焊缝金属对热裂纹较敏感。

铸铁的熔化和凝固过程，没有经过半流体状态，因此在凝固时气体往往来不及析出而生成气孔。这一性质使得铸铁只宜平焊。

目前在生产中铸铁的焊接常采用下列方法。

①冷焊法。在焊接之前工件不预热或预热温度低于$300\sim350℃$的铸铁焊补冷焊。可采用各种不同焊条的焊条电弧焊进行冷焊。铸铁冷焊效果不如热焊，但焊接过程简单方便，常用于焊补不要求加工的零件或焊补缺陷较小的铸件。

②热焊法。把焊件预热到 600～700℃再进行焊接。工件在焊接前应很好地清理。焊条涂料的成分主要有石墨、硅铁、白垩等，以增加石墨化元素的含量，改变焊缝的化学成分，使焊缝形成灰口组织。小件可以采用气焊。焊后埋入热灰中或砂中缓冷，使石墨容易析出，防止产生白口组织。

热焊的缺点是工作繁重，成本高；表面经过机械加工的铸件，在高温下预热会发生氧化。此外，石墨的析出还往往引起工件尺寸的变化。

③钎焊法。采用以黄铜为钎料的钎焊，母材不熔化，可避免产生白口组织。

(2) 有色金属的焊接。

①铜和铜合金的焊接。铜和铜合金的焊接性差，其原因是：

a. 铜的导热性良好，所以焊接过程的热量散失较大，使加热效率降低。

b. 液态铜对氢有很大的溶解度。温度下降时，溶解度则大大下降，尚未析出的氢原子的集结容易生成气孔和表面气孔。

c. 铜的化学性质活泼，在高温下容易氧化成 Cu_2O，CuO 易与 Cu 组成脆性组织；同时铜热膨胀系数较大，焊接时常造成较大内应力。这是铜的焊接接头容易出现裂缝的原因。

目前铜及铜合金的焊接以气焊比较适用。进行气焊时应采用严格的中性焰，并采用硼砂或硼砂与硼酸的混合物作为焊剂。

焊接黄铜时，常用氧化焰，氧化焰使熔池表面生成一层氧化锌保护膜，因而防止了锌的过量蒸发。

②铝及铝合金的焊接。铝及铝合金的可焊性差，其原因是：

a. 铝的导热性良好，而且其熔点只有 658℃，焊接时很容易烧穿。

b. 铝在热状态下很脆，在焊接应力作用下很容易发生裂缝。

c. 铝的化学性质活泼，特别容易氧化生成氧化铝，其熔点为 2 050℃，其相对密度比铝大，产生氧化铝后将妨碍焊接操作，容易产生夹渣。

因此，铝的焊接最好采用氩弧焊，也常采用气焊。焊前应仔细清理工件表面，去除氧化层。焊接厚的工件时应适当预热，为了去除焊接时产生的氧化铝，要使用氯化物或氟化物的焊剂。焊后应将残余焊剂洗净，以免工件金属被继续侵蚀。

》》 第二节　焊接材料 《《

一、电弧焊焊接材料

常用的手工电弧焊材料主要是焊条。

1. 焊条的构成

涂有药皮的供焊条电弧焊用的熔化电极叫做焊条，由焊芯和药皮两部分组成。

（1）焊芯。是指焊条内的金属丝，它具有一定的直径和长度。

焊芯在焊接时的作用有两个：一是作为电极传导电流，产生电弧；二是熔化后作为填充金属，与熔化的母材一起组成焊缝金属。

（2）药皮。药皮是压涂在焊芯表面的涂料层，它由矿石粉、铁合金粉和黏结剂等原料按一定比例配制而成。

药皮具有下列作用。

①提高焊接电弧的稳定性。药皮中含有钾和钠成分的"稳弧剂"，能提高电弧的稳定性，使焊条容易引弧，稳定燃烧以及熄灭后的再引弧。

②保护熔化金属不受外界空气的影响。药皮中的"造气剂"高温下产生的保护性气体与熔化的焊渣使熔化金属与外界空气隔绝，防止空气侵入。熔化后形成的熔渣覆盖在焊缝表面，使焊缝金属缓慢冷却，有利于焊缝中气体的逸出。

③过渡合金元素使焊缝获得所要求的性能。药皮中加入一定量的合金元素，有利于焊缝金属脱氧并补充合金元素，以得到满意的力学性能。

④改善焊接工艺性能，提高焊接生产率。药皮中含有合适的造渣、稀渣成分，使焊渣可获得良好的流动性，焊接时，形成药皮套筒，使熔滴顺利向熔池过渡，减少飞溅和热量损失，提高生

产率和改善工艺过程。

2. 焊条的分类

焊条可以按用途、熔渣酸碱度和药皮的主要成分进行分类。

（1）按用途分类。焊条按用途分类。可分为 10 大类，见表 3-1。

表 3-1　焊条用途大类划分

序　号	焊条大类	代　号	
		汉　字	拼　音
1	结构钢焊条	结	J
2	钼及铬钼耐热钢焊条	热	R
3	铬不钢筋焊条	铬	G
	铬镍不钢筋焊条	奥	A
4	堆焊焊条	堆	D
5	低温钢焊条	温	W
6	铸铁焊条	铸	Z
7	镍及镍合金焊条	镍	Ni
8	钢及铜合金焊条	铜	T
9	铝及铝合金焊条	铝	L
10	特殊用途焊条	特	TS

（2）按熔渣的酸碱度分类。电焊条按熔渣的酸碱度分类，可分为酸性焊条和碱性焊条两大类。

①酸性焊条。酸性焊条中含有大量的酸性氧化物，焊接时易放出氧，所以对铁锈不敏感，工艺性能和焊缝成形好，广泛用于钢结构焊接上。目前我国酸性焊条焊缝金属的冲击韧性较低，抗裂性差。此外熔渣多为长渣，仰焊较困难。酸性焊条多用于交流电源，一般用于 A3、A3F 和某些不太重要的 20R 和 16MnR 焊接结构的焊接。

②碱性焊条。碱性焊条与强度级别相同的酸性焊条相比，其熔

效金属延性和韧性高、扩散氢含量低、抗裂性能强。因此，当产品设计或焊接工艺规程规定用碱性焊条时，不能用酸性焊条代替。但碱性焊条的焊接工艺性能（包括稳弧性、脱渣性、飞溅等）较差，对铁锈、水分、油污的敏感性大，易生成气孔，焊接时放出有毒气体和烟尘较多，毒性也大。目前我国多用于直流电源短弧焊接重要结构，如锅炉和压力容器压力管道等。如 E5015 广泛用于 16MnR、15MnV 等压力容器的焊接，甚至用它焊接强度较高的 15M11VNR 和 FG43 钢球形容器。

（3）按药皮的主要成分分类。焊条药皮由多种原料组成，按照药皮的主要成分可以确定焊条的药皮类型。例如，当药皮中含有 30％以上的二氧化钛及 20％以下的钙、镁的碳酸盐时，就称为钛钙型。药皮类型分类见表 3-2。

表 3-2　焊条药皮类型

药皮类型	药皮主要成分（质量分类）	焊接电源
钛型	氧化钛≥35％	直流或交流
钛钙型	氧化钛 30％以上，钙、镁的碳酸盐 20％以下	直流或交流
钛铁矿型	钛铁矿≥30％	直流或交流
氧化铁型	多量氧化铁及较多的锰铁脱氧剂	直流或交流
纤维素型	有机物 15％以上，氧化钛 30％左右	直流或交流
低氢型	钙镁的碳酸盐和萤石	直流
石墨型	多量石墨	直流或交流
盐基型	氯化物和氟化物	直流

注：当低氢型药皮中含有适量稳弧剂时，可用于交流或直流焊接。

3. 焊条型号

（1）焊条型号编制。焊条型号是按国家焊条标准对焊条规定的编号，用来区别各种焊条的熔敷金属的力学性能、化学成分、药皮类型、焊接位置和焊接电源种类等。国家标准规定了焊条的技术要求、合格指标、检验方法。

碳钢和低合金钢焊条型号按《非合金钢及细晶粒钢焊条》（GB/T 5117—2012）、《热强钢焊条》（GB/T 5118—2012）规定，碳钢和合金钢焊条型号编制方法见表3-3。

表3-3　碳钢和合金钢焊条型号编制方法

E	××	××	后缀字母	元素符号
焊条	熔敷金属抗拉强度最小值（MPa）	焊接电流的种类及药皮类型（表2-3） "0""1"：适用于全位置焊 "2"：适用于手焊及平角焊 "4"：适用于立向下焊	熔敷金属化学成分分类代号见表3-4	附加化学成分的元素符号

（2）焊条型号示例。

①碳钢焊条的型号。碳钢焊条的型号由英文字母和4位数字组成。焊条型号如E4315，其中"E"表示焊条；前2位数字表示熔敷金属抗拉强度的最小值，单位为MPa；第3位数字表示焊条的焊接位置，"0"及"1"表示焊条适用于全位置焊接（平、立、仰、横），"2"表示焊条适用于平焊及平角焊，"4"适用于向下立焊。碳钢焊条的型号如图3-1所示：

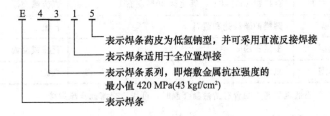

图3-1　碳钢焊条的型号

碳钢焊条型号中第3位和第4位数字组合时表示焊接电流种类及药皮类型，第3、第4位数字的含义见表3-4。

表 3-4　碳钢焊条型号中第三、第四位数字的含义

焊条型号	第三位数字代表的焊接位置	第三和第四位数字组合代表的	
		涂层类型	焊接电流种类
E××00	各 种 位 置 （平、立、横、仰）	特殊型	交流或直流正、反接
E××01		钛铁矿型	
E××03		钛钙型	
E××10		高纤维素钠型	直流反接
E××11		高纤维素钾型	交流或直流反接
E××12		高钛钠型	交流或直流正接
E××13		高钛钾型	交流或直流正、反接
E××14		铁粉钛型	交流或直流正、反接
E××15	各 种 位 置 （平、立、横、仰）	低氢钠型	直流反接
E××16		低氢钾型	交流或直流反接
E××18		铁粉低氢型	
E××20	平角焊	氧化铁型	交流或直流正接
E××22	平		交流或直流正、反接
E××23	平、平角焊	铁粉钛钙型	交流或直流正、反接
E××24		铁粉钛型	交流或直流正、反接
E××27		铁粉氧化铁型	交流或直流正接
E××28		铁粉低氢型	交流或直流反接
E××48	平、立、仰、立向下	铁粉低氢型	交流或直流反接

②低合金钢焊条的型号。低合金钢焊条型号编制方法与碳钢焊条基本相同，焊条型号如 E5018-A1，但后缀字母为熔敷金属的化学成分分类代号，并以短划"-"与前面数字分开。如还具有附加化学成分时，附加化学成分直接用元素符号表示，并用短划"-"与前面后缀字母分开，低合金钢焊条型如图 3-2 所示：

③不锈钢焊条的型号。不锈钢焊条的型号由英文字母、3 位数字和说明组成。焊条型号如 E308-15，字母 E 表示焊条，"E"后面的数字表示熔敷金属化学成分分类代号，如有特殊要求的化

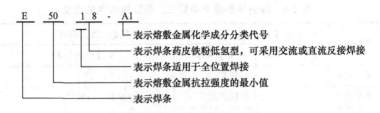

图 3-2　低合金钢焊条型

学成分，该化学成分用元素符号表示放在数字的后面，短划"-"后面的2位数字表示焊条药皮类型、焊接位置及焊接电流种类。见表3-5。

表 3-5　焊条熔敷金属化学成分的分类

焊条型号	分 类	焊条型号	分 类
E××××-Al	碳钼钢焊条	E××××-NM	镍钼钢焊条
E××××-Bl~5	铬钼钢焊条	E××××-Dl~3	锰钼钢焊条
E××××-Cl~3	镍钢焊条	E××××-G、M、M1、W	所有其他低合金钢焊条

不锈钢焊条的型号如图3-3所示。

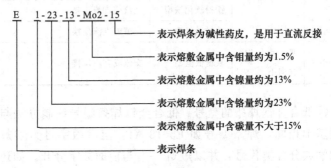

图 3-3　不锈钢焊条的型号

4. 焊条的使用

焊工应熟悉各种焊条的类别、性能、用途以及使用的要领，了解焊条使用说明书及质量保证书中的各项技术指标，才能合理、正确地使用焊条。

（1）焊条的选择。对于碳钢和某些低合金钢来说，在选用焊条时注意以下一些原则。

①等强度原则。对于承受静载或一般载荷的工件或结构，通常选用抗拉强度与母材相等的焊条。例如 20 钢抗拉强度在 400 MPa 左右，可以选用 E43 系列的焊条。要注意以下问题。

a. 一般钢材按屈服点来确定等级和牌号（如 Q235），而碳钢焊条按熔敷金属抗拉强度的最低值来定强度等级，不能混淆，应按照母材的抗拉强度来选择抗拉强度相同的焊条。

b. 对于强度级别较低的钢材，基本按等强度原则，但对于焊接结构刚度大，受力情况复杂的工件，选用焊条时应考虑焊缝塑性，可选用比母材低一级抗拉强度的焊条。

②酸性焊条和碱性焊条的选用。在焊条的抗拉强度等级确定后，在决定选用酸性焊条或碱性焊条时一般要考虑以下几方面因素。

a. 在容器内部或通风条件较差的条件下，应选用焊接时析出有害气体少的酸性焊条。

b. 当接头坡口表面难以清理干净时，应采用氧化性强、对铁锈、油污等不敏感的酸性焊条。

c. 当母材中碳、硫、磷等元素含量较高时，且焊件形状复杂、结构刚性大和厚度大时，应选用抗裂性好的碱性低氢型焊条。

d. 在酸性焊条和碱性焊条均能满足性能要求的前提下，应尽量选用工艺性能较好的酸性焊条。

e. 当焊件承受振动载荷或冲击载荷时，除保证抗拉强度外，应选用塑性和韧性较好的碱性焊条。

（2）电焊条的烘干。焊条的药皮容易吸潮，使用受潮的焊条焊接，易产生气孔、氢致裂纹等缺陷，造成电弧不稳定、飞溅增多、烟尘增大等不利影响。为了保证焊接质量，焊条在使用前必须进行烘干。

不同焊条品种要求不同的烘干温度和保温时间。在各种焊条的说明书中对此均作了规定，这里介绍通常情况下，碳钢焊条的再烘干温度和时间。

酸性焊条药皮中，一般均有含结晶水的物质和有机物，再烘干时，应以除去药皮中的吸附水，而不使有机物分解变质为原则。因此，烘干温度不能太高，一般规定为 75～150℃，保温 1～2 h。

碱性焊条烘干时，由于碱性焊条在空气中极易吸潮，而且在药皮中没有有机物，在烘干时更需去掉药皮中矿物质中的结晶水。因此烘干温度要求较高，一般需 350～400℃，保温 1～2 h。

在烘干焊条时，还需要注意以下几个问题。

①焊条烘干应放在正规的远红外线烘干箱内进行烘干，不能在炉子上烘烤，也不能用气焊火焰直接烧烤。

②禁止将焊条直接放进高温炉内，或从高温炉中突然取出冷却，以防止焊条因骤冷骤热而产生药皮开裂脱落。应缓慢加热、保温、缓慢冷却。经烘干的碱性焊条最好放入另一个温度控制在 80～100℃的低温烘箱内存放，随用随取。

③烘干焊条时，焊条不应成垛或成捆地堆放，应铺成层状，$\phi 4$ mm 焊条不超过 3 层，$\phi 3.2$ mm 焊条不超过 5 层。

④焊条烘干一般可重复 2 次。据有关资料介绍，对于酸性焊条的碳钢焊条重复烘干次数可以达到 5 次，但对于酸性焊条中的纤维素型焊条以及低氢型的碱性焊条，则重复烘干次数不宜超过 3 次。

⑤焊接重要产品时，每个焊工应配备一个焊条保温筒，施焊时，将烘干的焊条放入保温筒内。筒内温度保持在 50～60℃，还可放入一些硅胶，以免焊条再次受潮。

（3）电焊条的保管。

①对入库的焊条，应具有生产厂家出具的产品质量保证书或合格证书。在焊条的包装上，有明显的型号（型号）标识。当焊条用于焊接锅炉、压力容器等重要承载结构时，还必须在使用前按规定进行质量复验。否则，不准发放使用。

②存放焊条的一级库房，应干燥、通风良好，室内温度一般保持在 10～15℃之间，最低也不能低于 5℃；相对湿度则要小

职业技能培训教材·建筑工程系列

电焊工

于 60％。

③储存焊条必须垫高，与地面和墙壁的距离均应大于0.3 m，使上下左右通气流通，以防受潮变质。

④在焊条的搬运过程中，要轻拿轻放，防止包装损坏。

⑤为防止焊条受潮，尽量做到现用现拆包装。并且做到先入库的焊条先使用，以免存放时间过长而受潮变质。

二、埋弧焊焊接材料

埋弧焊焊接材料主要是焊丝和焊剂。

1. 焊丝

焊丝是指焊接时作为填充金属或同时作为导电的金属丝。焊丝的品种目前有碳素结构钢、合金结构钢、高合金钢和各种有色金属焊丝以及堆焊用的特殊合金等多种焊丝。

（1）焊丝的分类。埋弧焊所用的焊丝有实心焊丝和药芯焊丝两大类，某些特殊的工艺场合应用药芯焊丝，生产中普遍使用的是实芯焊丝。如图 3-4 所示。

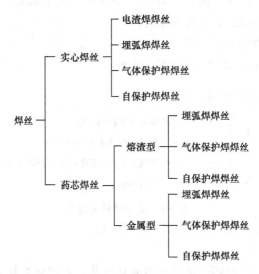

图 3-4　焊丝分类

（2）焊丝型号。

①焊丝的型号编制。型号中的第一个字母 H 表示焊接用实心

焊丝。H 后面的第一位数字或两位数字表示平均合碳量。化学符号及其后面的数字表示该元素大致含量的百分比。合金元素含量小于 1% 时，该合金元素化学符号后面的数字"1"省略。在结构钢焊丝牌号尾部标有 A 或 E 时，A 表示为优质品，说明该焊丝的硫、磷含量比普通焊丝低；E 表示为高级优质品，其硫、磷含量更低。例如，如图 3-5 所示：

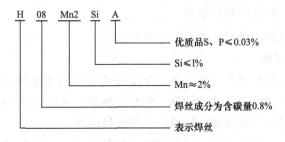

图 3-5　焊丝型号

牌号尾部标有"A"、"E"字样的焊接用钢丝与普通焊接用钢丝相比，除硫、磷含量外，品种规格、化学成分、技术条件、验收规则和试验方法等都相同。

②焊丝的型号示例。

a. 实心焊丝的型号如图 3-6 所示。

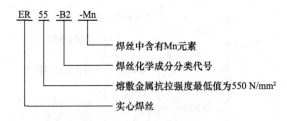

图 3-6　实心焊丝的型号

b. 药芯焊丝的型号如图 3-7 所示。

2. 焊剂

焊接时，能够熔化形成熔渣和气体，对熔化金属起保护并进行复杂的冶金反应的颗粒状物质叫作焊剂。它是埋弧焊与电渣焊不可缺少的一种焊接材料。

（1）焊剂的分类。焊剂的分类方法很多，可以按化学成分、

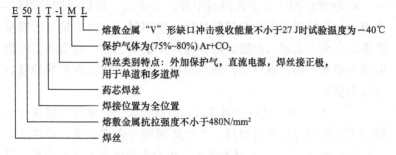

E 50 1 T -1 M L

熔敷金属"V"形缺口冲击吸收能量不小于27 J时试验温度为-40℃

保护气体为(75%~80%) Ar+CO₂

焊丝类别特点：外加保护气，直流电源，焊丝接正极，用于单道和多道焊

药芯焊丝

焊接位置为全位置

熔敷金属抗拉强度不小于480N/mm²

焊丝

图 3-7 药芯焊丝的型号

制造方法以及在焊剂中添加脱氧剂、合金剂进行分类：

①按化学成分分类。焊剂按化学成分分类，可分为高锰焊剂、中锰焊剂等。

②按制造方法分类。焊剂按制造方法分类可分为熔炼焊剂、黏结焊剂和烧结焊剂。

a. 熔炼焊剂。它是将一定比例的各种配料在炉内熔炼，然后经过水冷粒化、烘干、筛选而制成的一种焊剂。熔炼焊剂具有化学成分均匀、防潮性好、颗粒强度高、便于重复使用的优点，是目前国内生产中应用最多的一种焊剂。但其制造过程要经过高温熔炼，且合金元素易被氧化，因此不能依靠焊剂向焊缝大量添加合金元素。

b. 黏结焊剂。它是通过向一定比例的各种配料中加入适量的黏结剂，混合搅拌后粒化并在低温（400℃以下）烘干而制成的一种焊剂。以前也称为陶质焊剂。

c. 烧结焊剂。它是通过向一定比例的各种配料中加入适量的黏结剂，混合搅拌后在高温（400~1 000℃）下烧结而成的一种焊剂。

后两种焊剂都属于非熔炼焊剂。由于没有熔炼过程，所以化学成分不均匀。但可以在焊剂中添加铁合金，利用合金元素来更好地改善焊剂性能，增大焊缝金属的合金化。

③按焊剂中添加的脱氧剂、合金剂分类。焊剂按焊剂中添加的脱氧剂、合金剂分类，可分为活性焊剂、中性焊剂和合金焊剂。

a. 活性焊剂。是指在焊剂中加入少量锰、硅脱氧剂的焊剂，它可以提高抗气孔能力和抗裂性能。使用时，提高焊接电压能使更多的合金元素进入焊缝，能够提高焊缝的强度，但会降低焊缝的冲击韧性。因此准确地控制焊接电压，对采用活性焊剂的埋弧焊尤为重要。

b. 中性焊剂。是指在焊接后，熔敷金属化学成分与焊丝化学成分不产生明显变化的焊剂。中性焊剂用于多道焊接，特别适应于厚度大于 25 mm 的母材的焊接。由于中性焊剂不含或含有少量脱氧剂，所以在焊接过程中需要依赖于焊丝提供脱氧剂。

c. 合金焊剂。是指使用碳钢焊丝，其熔敷金属为合金钢的焊剂。焊剂中添加了较多的合金成分，用于过渡合金。多数合金焊剂为黏结焊剂和绕结焊剂。合金焊剂主要用于低合金钢和耐磨堆焊的焊接。

（2）焊剂型号。

①焊剂的型号编制。焊剂牌号是根据焊剂中主要成分 MnO、SiO_2、CaF_2 的平均质量分数来划分的，具体表示为：

a. 由字母"HJ"来表示熔炼焊剂。

b. 字母后第一位数字表示焊剂中 MnO 的平均质量分数，见表 3-6。

表 3-6　焊剂型号与氧化锰的平均质量分数

牌　　号	焊剂类型	氧化硅平均质量分数
HJ1××	无锰	MnO<2%
HJ2××	低锰	MnO≈2%～15%
HJ3××	中锰	MnO≈15%～30%
HJ4××	高锰	MnO>30%

c. 第二位数字表示焊剂中 SiO_2、CaF_2 的平均质量分数，见表 3-7。

表 3-7　焊剂型号与二氧化硅、氟化钙的平均质量分数

牌　号	焊剂类型	SiO₂、CaF₂ 的平均质量分类
HJ×1×	低硅低氟	$\omega(SiO_2)<10\%$，$\omega(CaF_2)<10\%$
HJ×2×	中硅低氟	$\omega(SiO_2)\approx10\%\sim30\%$，$\omega(CaF_2)<10\%$
HJ×3×	高硅低氟	$\omega(SiO_2)>30\%$，$\omega(CaF_2)<10\%$
HJ×4×	低硅中氟	$\omega(SiO_2)<10\%$，$\omega(CaF_2)\approx10\%\sim30\%$
HJ×5×	中硅中氟	$\omega(SiO_2)\approx10\%\sim30\%$，$\omega(CaF_2)\approx10\%\sim30\%$
HJ×6×	高硅中氟	$\omega(SiO_2)>30\%$，$\omega(CaF_2)\approx10\%\sim30\%$
HJ×7×	低硅中氟	$\omega(SiO_2)<10\%$，$\omega(CaF_2)\approx10\%\sim30\%$
HJ×8×	中硅高氟	$\omega(SiO_2)\approx10\%\sim30\%$，$\omega(CaF_2)>30\%$
HJ×8×	待发展	

d. 第三位数字表示同一类型焊剂的不同牌号，从 0～9 顺序排列。

②焊剂的型号示例。

a. 碳钢埋弧焊用焊剂的型号如图 3-8 所示。

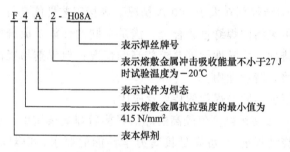

图 3-8　碳钢埋弧焊用焊剂的型号

b. 低合金钢埋弧焊用焊剂的型号如图 3-9 所示。

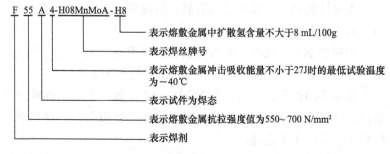

图 3-9　低合金钢埋弧焊用焊剂的型号

c. 不锈钢埋弧焊用焊剂的型号如图 3-10 所示。

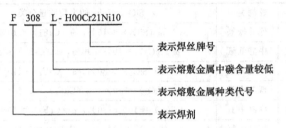

图 3-10　不锈钢埋弧焊用焊剂的型号

（3）焊剂的使用。

①焊剂的选择。

按制造方法分类的焊剂的特点及应用：

a. 熔炼焊剂几乎不吸潮。不能灵活有效地向焊缝过渡所需合金；在小于 1 000 A 情况下焊接工艺性能良好；但脱渣性较差，不适宜深坡口、窄间隙等位置的焊接。

b. 烧结焊剂在大于 400 A 情况下焊接工艺性能良好；脱渣性优良；可灵活向焊缝过渡合金，满足不同的性能及成分要求，适于对脱渣性、力学性能等要求较高的情况；但焊剂易吸潮，焊前必须烘焙，随烘随用。

碱度值不同的焊剂的特点及应用：

a. 一般使用碱度值较高的焊剂焊接后焊缝杂质少，有益合金过渡（烧结焊剂），可满足较高力学性能的要求；但对坡口表面质量要求严格，且应采用直流反接性操作。

b. 碱度值较低的焊剂其焊缝杂质及有害元素不可避免地存在，焊缝性能进一步提高受到限制。但其对电源要求不高，对坡口表面质量要求可以适当放宽。

应根据钢种、板厚、接头形式、焊接设备、施焊工艺及所要求的各项性能等，来确定能满足要求的焊丝焊剂组合。

②焊剂的烘干。焊剂应妥善保管，并存放在干燥、通风的库房内，尽量降低库房湿度，防止焊剂受潮。使用前，应对焊剂进行烘干。其烘干工艺是：

a. 熔炼焊剂要求 200～250℃下烘焙 1～2 h。

b. 烧结焊剂要求 300～400℃下烘焙 1～2 h。

③焊剂的回收利用。焊剂可以回收并重新利用。但回收的焊剂，因灰尘、铁锈等杂质被带入焊剂，以及焊剂粉化而使粒度细化，故应对回收焊剂过筛，随时添加新焊剂并充分拌匀后再使用。

三、钨极氩弧焊焊接材料

1. 氩气

氩气是惰性气体，不与被焊的任何金属起化学反应；氩气是单原子气体，在电弧高温下也不分解吸热；氩气不溶解于被焊的液态金属，不会产生气孔；氩气比空气重，使用时不易飘浮失散，有利于起保护作用，所以氩气是一种理想的保护气体。氩气在空气中含量较少，从空气中制取费时，且成本高，因此氩气比较贵。

《氩》（GB/T 4842—2017）规定用于焊接的氩气纯度应不小于 99.99%。高纯度的氩气才能在焊接活泼的有色金属和高合金钢时起很好的保护作用，避免氧化烧损，也可减轻钨极的烧损。

2. 钨极

用于钨极氩弧焊的电极材料要求电子发射能力要强，电弧稳定性好，耐高温，不易熔化，有较大的许用电流；强度高以及防腐性好，不易损耗等。

钨极氩弧焊所用的电极材料可以分为纯钨、钍钨和铈钨三种。

（1）纯钨极。纯钨极密度为 19.3 g/cm³，熔点为 3 387℃，沸点为 5 900℃，是使用最早的一种电极材料。但纯钨极发射电子的电压较高，要求焊机具有高的空载电压。另外，纯钨极易损坏，电流越大，烧损越严重，目前很少使用。

（2）钍钨极。钍是放射性物质。在纯钨中加入一定量（0.7%～2.0%）的氧化钍，这种电极材料称为钍钨极。这种钨极具有较高的热电子发射能力和耐熔性；用于交流电时，允许电流值比同直径的纯钨极可提高 1/3，空载电压可大大降低，是目前使用较普遍的一种电极材料。但是，钍钨极的粉尘具有微量的放射性，在磨削电极时要注意防护。含氧化钍 $1.5\% \sim 2.0\%$ 的钍钨极牌号为 WTh−15。

(3) 铈钨极。在钨中加入 2.0% 以下的氧化铈，制成铈钨极。它比钍钨极具有更大的优点，弧束细长，热量集中，可提高电流密度 $5\% \sim 8\%$；烧损率下降 $5\% \sim 50\%$，使用寿命延长；易引弧，电弧稳定；几乎没有放射性，因此，目前得到了广泛的应用。铈钨极的优越性尤其表现在大电流焊接和等离子切割时，其损耗率与小电流焊接时相比则更小。含氧化铈 2.0% 的铈钨极牌号为 WCe−20。

常用钨棒直径有 0.5 mm、1.0 mm、1.6 mm、2.0 mm、2.4 mm、3.2 mm、4.0 mm 等几种。

目前，国外还有使用含氧化锆 $0.15\% \sim 0.40\%$ 的锆钨极等。

3. 焊丝

钨极氩弧焊用的焊丝，只起填充金属作用。焊丝的化学成分与母材相同或相近。焊接低碳钢时，为了防止气孔，可采用含少量合金元素的焊丝。

四、气焊焊接材料

气焊所用的气体分为两类，即助燃气体（氧气）和可燃气体（如乙炔气、液化石油气等）。可燃气体与氧混合燃烧时，放出大量的热，火焰一般最高温度可达 $2\,000 \sim 3\,000℃$，实现对金属的焊接。气焊常用的可燃气体是乙炔，目前推广使用的还有丙烷、丙烯、液化石油气（丙烷为主）、天然气（以甲烷为主）等。

1. 乙炔气

乙炔气是一种碳氢化合物，其分子式为 C_2H_2。在常温常压下是无色气体，纯乙炔气略有醚味，工业上用的乙炔因含有磷化氢 (PH_3) 和硫化氢 (H_2S)，而具有特殊刺激性臭味。能溶解于水，并能大量溶解于丙酮中。在 $-83℃$ 时可转变为液体，在 $-85℃$ 时可转变为固体。

乙炔气体是气焊中使用的燃烧气体，与氧气混合燃烧时火焰温度为 $3\,000 \sim 3\,300℃$，足以迅速熔化金属。当乙炔温度达到 $580 \sim 600℃$ 时，同时压力增到 $0.15 \sim 0.20$ MPa 时就会发生爆炸。

在空气中的乙炔含量在 2.8%～93% 时，一旦接触到明火，立刻就能爆炸。此外，乙炔与纯铜或纯银长期接触，能生成容易发生爆炸的乙炔铜和乙炔银，因此使用时一定要注意安全。

在实际生产中使用的乙炔气体大多为瓶装气体，瓶装乙炔气应符合《溶解乙炔》(GB 6819—2004) 的要求。

2. 氧气

氧在常温标准大气压下，是无色无味无毒的气体，其分子式为 O_2。氧在空气中占 21%。在 0℃ 和 101.325 kPa 压力下，1 m³气体重 1.43 kg，比空气重（空气为 1.29 kg/m³）。当温度降至 −183℃ 时，氧气由气态变为液态。液态氧温度升高到 −183℃ 时沸腾，气化为氧气，而氮的沸点为 −196℃，氩的沸点为 −186℃，故工业上常用液化空气分离法制取氧气。

氧气自身不能燃烧，它是一种活泼的助燃气体，是强氧化剂。可燃气体乙炔、液化石油气只有在氧中燃烧，才能达到最高温度。因此，用于焊接的氧纯度要在 99.5% 以上。氧气纯度不够，会明显影响燃烧效果和焊、割质量。

压缩纯氧与油脂等可燃物（又如细微分散物炭粉、有机物纤维等）接触，能发生自燃，引起火灾和爆炸。氧气几乎能与所有的可燃气体和蒸气混合，形成爆炸性混合物。

3. 液化石油气

液化石油气其主要成分是丙烷（占 50%～80%）、丁烷、丙丁烯和少量的乙烷、乙烯、戊烷等。在常压下为气态，在 0.8～1.5 kPa 压力下就可变为液态。气态的液化石油气在 0℃ 和 101.325 kPa 压力下密度为 1.8～2.5 kg/m³，比空气重。

丙烷在纯氧中燃烧的火焰温度可达 2 800℃。液化石油气达到完全燃烧所需的量比乙炔约大 1 倍，但燃烧速度只有乙炔的一半，不容易回火。因此，用液化石油气代替乙炔，对割炬的结构要作相应的改变。丙烷与空气混合，以体积计占 2.3%～9.5% 时，遇有明火也会爆炸。

液化石油气还比较便宜，用氧液化石油气切割相比氧乙炔切割燃气费用可大幅度降低，总成本可降低 30% 以上。液化石油气对普通橡胶管和衬垫有腐蚀作用，容易造成漏气。因此，必须采用耐油性强的橡胶管和衬垫。

液化石油气有一定毒性。当空气中液化石油气的浓度大于10％时，则有使人中毒的危险。因此，使用时必须注意通风。

4. 焊丝

气焊焊丝是焊接用的金属丝，其主要作用是用作填充金属。低碳钢气焊常用 H08A 焊丝，牌号中"H"表示焊接用钢丝，"08"表示平均含碳量 0.08％，"A"表示高级优质钢。

灰铸铁件气焊焊补采用 RZC-1 或 RZC-2 铸铁焊丝，型号中"R"表示焊丝，"Z"表示用于铸铁焊接，"C"表示熔敷金属类型为铸铁。生产中灰铸件气焊焊补时，也可采用破断了的废活塞环。

气焊黄铜时可采用 HS224 硅黄铜焊丝，气焊纯铝可采用 HS301 纯铝焊丝，气焊铝合金（铝镁合金除外）可采用 HS311 铝硅合金焊丝。牌号中"HS"表示焊丝；字母之后第 1 个数字，"2"表示铜及铜合金焊丝，"3"表示铝及铝合金焊丝。

5. 气焊熔剂

气焊铸铁、耐热钢与不锈钢、铜及铜合金、铝及铝合金等都需要用气焊熔剂，其作用是防止氧化（保护）、清除氧化物和增加熔池金属的流动性，改善润湿性能，以利于熔合。气焊低碳钢和普通低合金钢时，不必用气焊熔剂。

CJ101（气剂 101）是不锈钢及耐热钢气焊熔剂，CJ201（气剂 201）是铸铁气焊熔剂，CJ301（气剂 301）是铜气焊熔剂，CJ401（气剂 401）是铝气焊熔剂。

第四章

电焊工理论知识

≫ 第一节　力学基础 ≪

一、力学基本概念

1. 力的定义及作用

力是一个物体对另一个物体的作用。两个物体之间的相互作用力，分别称为作用力和反作用力。

力的作用效果是使物体的运动状态发生变化或使物体产生变形。

力对物体的作用效果决定于它的 3 个要素，即：力的大小、力的方向、力的作用点。

2. 力的单位

力常用的单位是牛（顿），用符号 N 表示。工程单位制中力的单位是千克力，符号是 kgf。2 种单位制的换算关系为：

$$1 \text{ kgf} = 9.8 \text{ N} \approx 10 \text{ N}$$

二、力与变形

力使物体运动状态发生改变的效应称为力的外效应，使物体产生变形的效应称为力的内效应。影响焊接结构使用效果和安全的是结构的变形或断裂，而材料产生变形或破断直接的原因是材料内部内力的分布和大小。

1. 应力的概念

在物体受到外力作用发生变形的同时，在其内部会出现一种抵抗变形的力，这种力称作内力。物体由于受到外力的作用，在单位面积上出现的内力称作应力。应力并不都是由外力引起的，如物体在加热膨胀或冷却收缩过程中受到阻碍，就会在其内部出现应力，这种情况在不均匀加热或冷却过程中就会出现。当没有外加载荷的情况下，物体内部所存在的应力称作内应力。

垂直于横截面的应力称为正应力。正应力用希腊字母 σ 表示。根据正应力与截面的方向不同可分为两类，离开截面的称为拉应力，指向截面的称为压应力。

平行于横截面的应力称为剪切应力，简称剪应力，用希腊字母 τ 表示，如图 4-1 所示。

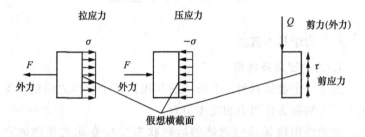

图 4-1 横截面上的应力

应力的单位为帕（Pa），即 N/m²；兆帕（MPa）。它们之间的换算关系是：

$$1\ \text{MPa} = 10^6\ \text{Pa} = 1\ \text{N/mm}^2$$

2. 应力的分类

焊接应力可按引起应力的基本原因、应力存在的时间、应力作用的方向来分类。

（1）按引起应力的基本原因分类。

①温度应力。由于焊接时温度分布不均匀而引起的应力，也称热应力。

②组织应力。在焊接过程中由于焊接接头区域产生的组织转变而引起的应力。

③凝缩应力。在焊接时由于金属熔池从液态冷凝成固态，其体积发生收缩受到限制而形成的应力。

（2）按应力作用的方向分类。

①纵向应力。方向平行于焊缝轴线的应力。

②横向应力。方向垂直于焊缝轴线的应力。

（3）按应力存在的时间分类。

①瞬时应力。在一定温度及刚性条件下，某一瞬时内存在的应力。

②残余应力。在焊接结束和完全冷却后仍继续存在的内应力。

3. 应力的基本变形形式

（1）拉伸、压缩。直杆两端承受一对与杆轴线重合的拉力或压力时产生的变形，称为轴向拉伸或轴向压缩。

拉伸与压缩时，横截面上的内力等于外力，应力在横截面内是均匀分布的。则：

$$\sigma = \frac{F}{A} \ (\text{MPa})$$

式中：F——外力，N；

A——横截面面积，mm^2。

（2）剪切。杆件承受与杆轴线垂直、方向相反、互相平行的力的作用时，在平行力之间截面内产生的变形为剪切变形。

（3）扭转。圆轴两端横截面内作用一对转向相反的力偶时，在两力偶之间圆轴内产生的变形为扭转变形。圆轴扭转时，圆轴内横截面间绕轴线有相对转动。截面内的应力只有剪应力，剪应力与所在点的半径垂直，大小与所在点到圆心的距离成正比。在截面的最大半径处有最大剪应力 τ_{max}。如图 4-2 所示。

（4）弯曲。在杆件的轴向对称面内有横向力或力偶作用时，杆件的轴线由直线变为曲线时的变形为弯曲变形。主要承受弯曲变形的杆件在工程上又称为梁。在弯曲变形时，梁的上下有伸长和缩短，伸长时有拉应力，缩短时有压应力，截面内无伸长缩短部位称为中性轴。在弯曲变形时截面内中性轴两侧产生符号相反的正应力，应力的大小与所在点到中性轴的距离成正比。在杆件的上下表面有最大正应力 σ_{max}（拉应力）和最小正应力 σ_{min}（压应力），如图 4-3 所示。

4. 焊接应力对结构的影响

焊接应力对结构的影响主要表现在对结构制造和结构使用上。

（1）对结构制造的影响。焊接应力达到一定水平时，在一定

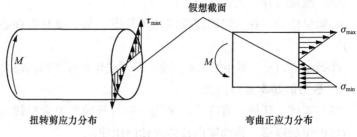

图 4-2　圆轴扭转时横截面　　　　图 4-3　梁弯曲时横截面上
上的剪应力分布　　　　　　　　　正应力的分布

条件下（组织、温度、结构刚性拘束度等）将成为在结构中引起各种热裂纹和冷裂纹的因素之一。从而影响结构的制造质量，造成潜在的危险，导致返修甚至报废。因此，减少和控制焊接应力已成为避免和控制焊接裂纹的一种手段。

（2）对结构使用的影响。静载条件下，只要所用材料在其工作温度范围内具有良好的塑性和韧性，那么焊接应力并不影响结构的强度。但是，当材质较差，塑性和韧性变劣的情况下，焊接应力就有可能引起低应力脆性破坏。在动载荷条件下，拉伸焊接应力能降低结构的疲劳强度。在腐蚀介质中工作的焊接结构，在拉伸应力区会加速腐蚀而引起应力腐蚀的低应力脆断。在高温工作的焊接结构，焊接应力又会起加速蠕变的作用。此外，焊接应力对结构尺寸稳定性也有一定的影响。有焊接应力的结构在机械加工或在使用过程中，因内应力发生变化将可能引起结构的几何形状或尺寸改变，从而直接影响了加工精度和结构的使用性能。

》》》 第二节　电学基础 《《《

一、直流电路

1. 电流

电荷的定向运动称为电流。电路中能量的传输和转换是靠电流来实现的。电流按电荷运动的方式可以区分为直流电和交流电两大类。凡电流的方向和大小都不随时间变化的电流称为直流电；反之为交流电。

（1）电流的大小。在单位时间内通过导体横截面的电量，用电流强度表示，简称电流。

在国际单位制中，电流的基本单位是安培，简称"安"，用字母"A"表示。

电流的单位也可以用 kA（千安）、mA（毫安）、μA（微安）表示。它们之间的换算关系是：

$$1\ kA=1\ 000\ A$$
$$1\ \mu A=10^{-3}\ mA=10^{-6}\ A$$

电路中电流的大小可用电流表来测量。

（2）电流的方向。习惯上规定为正电荷定向移动的方向，实际上在金属导体中电流的方向与带有负电荷自由电子定向移动的方向相反。

2. 电压

电压是指电场中任意两点之间的电位差。它实际上是电场力将单位正电荷从某一点移到另一点所做的功。电路中两点间的电压仅与该两点的位置有关，而与参考点的选择无关。

电压用字母"U"表示，其基本单位是"伏特"，用字母 V 表示。电压的大小还可以用千伏（kV）、毫伏（mV）表示。它们之间的换算关系是：

$$1\ kV=1\ 000\ V$$
$$1\ mV=10^{3}\ V$$

3. 电动势

由其他形式的能量转换为电能所引起的电源正、负极之间的电位差，叫作电动势。电动势是在电源力的作用下，将单位正电荷从电源的负极移至正极所做的功。它是用来衡量电源本身建立电场并维持电场能力的 1 个物理量。通常用字母"E"或"e"表示，单位也是"伏特"。

4. 电阻

电阻是电流流动过程中遇到的阻力。不同的材料对电流的阻碍作用大小不同，我们把截面 1 mm²、长度 1 m 的某种导体的电阻值叫电阻率。材料的电阻率越小，对电流的阻碍作用就越小。导体的电阻除了跟导体的材料有关以外，还跟导体横截面的大小和长度有关，横截面积越大电阻越小，导体越长电阻越大，导体电阻的计算公式为：

$$R = \rho \frac{L}{S}$$

式中：R——导体的电阻，Ω；

　　　L——导体的长度，m；

　　　S——导体的横截面面积，mm²；

　　　ρ——导体材料的电阻率。

电阻用符号"R"表示。在国际单位制中，电阻单位是 Ω（欧姆），常用的还有 kΩ（千欧）和 MΩ（兆欧）。它们的换算关系是：

$$1 \text{ M}\Omega = 1\,000 \text{ k}\Omega$$

$$1 \text{ k}\Omega = 1\,000 \text{ } \Omega$$

电阻率是指温度为 20℃时，长 1 m，横截面面积 1 mm² 的导体的电阻值。

电阻串联时等效电阻等于各串联电阻之和，即：

$$R = R_1 + R_2 + R_3$$

电阻并联，等效电阻比每一个电阻都小，其倒数等于各电阻倒数之和，即：

$$\frac{1}{R} = \frac{1}{R^1} + \frac{1}{R^2} + \frac{1}{R^3}$$

若有 n 个相同的电阻 R_0 并联在一起，则等效电阻 $R = R_0 / n$。

5. 电功率

源单位时间内对负载做的功称为电功率（P），P 的计算公式为：

$$P = UI$$

电阻两端的电压和流过电流的乘积等于电阻上消耗的电功率。

在国际单位制中，电功率的单位是 W（瓦特），简称瓦。1

瓦的功率等于每秒消耗（或产生）1 焦耳的功。工程上，电功的单位不用焦耳，而经常用千瓦·小时表示，1 千瓦·小时的电量为 1 度电。

6. 欧姆定律

在电路中，电压可理解为产生电流的能力。欧姆定律是表示电路中电压、电流和电阻这 3 个基本物理量之间关系的定律。该定律指出，流过电阻 R 的电流，与加在电阻两端的电压 U 成正比，而与电阻成反比。其表达式为：

$$U = IR \ \text{或} \ R = \frac{U}{I} \ \text{或} \ I = \frac{U}{R}$$

二、电磁感应

1. 电流的磁效应

1820 年，丹麦科学家奥斯特发现在电流周围也存在磁场。在通电导线周围磁针发生偏转，其偏转方向与导线中电流的流向有关，这种现象称为电流的磁效应。

2. 磁场的物理量

（1）磁感应强度。磁感应强度是用来表示磁场中各点磁感应的强弱和作用方向的物理量。在磁场中，垂直于该磁场方向单位长度的载流导体所受到的磁场力 F 与该导体中电流 I 及导体长度 l 的乘积之比值称为磁感应强度，用"B"表示，单位是特斯拉，简称为"特"，用"T"表示。磁感应强度是一个矢量，其方向为该磁场中的磁针 N 极所指的方向。磁感应强度表示为：

$$B = \frac{F}{Il}$$

式中：B——磁感应强度，T；

　　　F——通电导体所受到的磁场力，N；

　　　I——导体中电流，A；

　　　l——直导体有效长度，m。

（2）磁通。磁通是表征磁场中某一截面上的磁感应强弱的物理量，其定义为：与磁感应强度方向垂直的某一截面 S 和磁感应强度 B 的乘积，用字母"Φ"表示，单位是 Wb（韦伯）。在均匀磁场中其表达式为：

$$\Phi = BS$$

式中：Φ——磁通量，Wb；

$\quad\quad$ B——磁感应强度，T；

$\quad\quad$ S——与磁感应强度方向垂直的某一截面积，m²。

（3）磁导率。磁导率 μ 就是1个用来表示媒介质导磁性能的物理量，其单位为 H/m（亨/米）。磁场中各点磁感应强度的大小不仅与电流的大小和导体的形状有关，而且与磁场内媒介质的性质有关。不同的介质有不同的磁导率。

（4）磁场强度。在研究磁场时，有时还要引用1个表示外磁场强度的物理量，它就是磁场强度。它也是表示磁场强弱和方向的物理量，但它不包括磁介质因磁化而产生的磁场，用字母"H"表示，其单位为 A/m（安/米）。

磁场强度的大小在数值上等于磁感应强度与磁导率之比。即：

$$H = \frac{B}{\mu}$$

3. 电流产生的磁场

（1）载流直导线的磁场方向。载流直导线的磁场方向可用右手螺旋定则来判断，如图 4-4 所示。

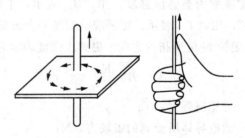

图 4-4　判断直导线磁场

具体方法是：伸平右手，蜷曲四指握住载流直导线使拇指指向电流方向，其余四指所指的方向就是直导体四周的磁力线方向，即磁场方向。这些磁力线是由垂直于该直导线平面上，并以导线为中心的多个同心圆构成。

（2）直螺管线圈的磁场。为了便于判断和记忆直螺管线圈所产生的磁场方向和电流方向之间的关系，也可以用右手螺旋定则来判断，如图4-5所示。

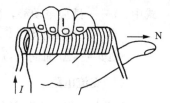

图4-5　直螺管线圈的磁场

具体方法是：伸平右手，蜷曲四指握住直螺管线圈，四指指向电流方向，其拇指所指方向为直螺管线圈内部所产生的磁场方向。即直螺管线圈内部的磁力线方向。

4. 电磁感应

1831年，英国物理学家法拉第发现了导体在磁场中相对运动时可以产生电流，即当处于磁场中的导体相对磁场作切割磁力线的运动时，或穿过线圈的磁通发生变化时，在导体或线圈中都会产生电动势；如果导体或线圈是闭合电路的一部分，那么导体或线圈中将产生电流，我们把这种现象称为电磁感应，把电磁感应产生的电动势称为感应电动势，由感应电动势在闭合电路中产生的电流称为感应电流。

感应电动势的方向用右手定则确定：平伸右手，拇指与四指成90°，手心对准N极（即让磁力线穿过手心），拇指指向导体运动的方向，其余四指所指的方向就是感应电动势的方向。

导体在磁场中做切割磁力线运动时，导线中将产生感应电动势。感应电动势的大小为：

$$e = Blv$$

式中：e——感应电动势，V；

　　　B——磁感应强度，T；

　　　l——导体有效长度，m；

　　　v——垂直磁场的切割速度，m/s。

电磁感应定律规定：闭合线圈中感应电动势的大小和线圈内磁通变化的速度（即单位时间内磁通变化的数值，又叫磁通的变化率）成正比。线圈中的感应电动势的大小为：

$$e = -N\frac{\Delta\Phi}{\Delta t}$$

式中：e——感应电动势，V；

　　　N——线圈匝数；

　　　$\Delta\Phi$——Δt 时间（s）内磁通的变化，Wb。

三、交流电路

交流电是指大小和方向随时间作周期性变化的电流。

1. 正弦交流电

（1）正弦交流电的基本概念。交流电可分为正弦交流电和非正弦交流电 2 类。正弦交流电是指按正弦规律变化的交流电。

交流电便于远距离输送，交流电机的构造比直流电机简单、从而成本低、工作可靠，正弦交流电便于计算，在正弦交流电作用下的电动机、变压器等电气设备具有较好的性能。所以，全世界普遍使用正弦交流电，工程上采用的直流电也多是从正弦交流电变换来的。

（2）正弦交流电的物理量。

①周期。交流电每变化 1 次所需的时间称为周期。周期通常用字母"T"表示。单位为 s（秒）。

②频率。交流电在 1 s 内变化的次数为频率。频率通常用字母"f"表示。频率单位是 Hz（赫兹），简称赫（周/秒）。我国使用的交流电频率为 50 Hz，习惯上将 50 Hz 称为工频。

由上述定义可知，频率与周期互为倒数，两者的关系为：

$$f=\frac{1}{T} \text{ 或 } T=\frac{1}{f}$$

③角频率。指交流电在 1 s 内变化的电角度称为角频率。角频率用字母"ω"表示，单位是 rad/s。

交流电在一个周期中变化的电角度为 2π 弧度。因此，角频率和频率及周期的关系为：

$$\omega=2\pi f=\frac{2\pi}{T}$$

在我国供电系统中交流电的频率 $f=50$ Hz、周期 $T=0.02$ s，角频率 $\omega=2\pi f=314$ rad/s。

④初相位。交流电动势在开始研究它的时刻（常确定为 $t=0$）

所具有的电角度，称为初相位（或初相角），用字母"φ"表示。

⑤相位差。两个同频率正弦交流电的相位之差为相位差。实际上为初相位之差。

⑥最大值。正弦交流电变化一个周期中出现的最大瞬时值，称为最大值（也称极大值、峰值），用字母 E_m、U_m、I_m 表示。最大值有正有负，习惯上都以绝对值表示。

2. 单相交流电路

（1）纯电阻电路。只含有电阻的交流电路，在实用中常常遇到，例如白炽灯、电阻炉等。电路中电阻起着决定性的作用，电感电容的影响可忽略不计的电路可视为纯电阻电路。与直流电路相同，欧姆定律、功率计算公式完全适用。

（2）纯电感电路。当通过线圈的磁通发生变化时，线圈中会产生感应电动势阻止电流的变化。这种性质可用电感来表示。

电感分为自感和互感 2 种。自感是线圈自身电流所产生磁链（磁链是线圈匝数与线圈磁通的乘积）与该电流的比值，符号是"L"，单位是 H（亨）。互感是另一线圈电流在某线圈所产生磁链与另一线圈电流的比值，符号是"M"，单位是 mH（毫亨）。

上文提到，由于有电感的作用，当交流电流流经线圈时会遇到阻力感抗。感抗是电抗的一种，其符号是"X"，单位是 Ω。

自感的感抗表达式为：

$$X_L = \omega L$$

互感的感抗表达式为：

$$X_M = \omega M$$

对于高频成分，电感的感抗极大，相当于开路元件。电路中电感起决定性作用，而电阻、电容的影响可以忽略不计的电路极为纯电感电路。空载变压器、电力线路中限制短路电流的电抗器等都可以视为纯电感负载。

（3）纯电容电路。被绝缘材料隔离的两个导体在电压的作用下所能容纳电荷的能力称为电容。电容的大小可用其导体上电量与导体间电压的比值来衡量。电容的常用单位是 F（法）、μF（微法）和 PF（皮法）。它们的关系为：

$$1\ \text{F} = 10^6\ \mu\text{F}$$
$$1\ \mu\text{F} = 10^6\ \text{PF}$$

上文提到，由于有电容的作用，当交流电流流经电容器时会遇到阻力容抗。容抗也是电抗的一种，其表达式为：

$$X_\text{C} = \frac{1}{\omega C}$$

对于电路中的高频成分，电容的容抗极小，相当于短路元件。

由绝缘电阻很大、介质损耗很小的电容器组成的交流电路，可以近似认为是纯电容电路。电容器的应用很广，在电力系统中常用它来调整电压、改善功率因数。

（4）功率因数。在交流电路中，电压与电流之间的相位差（φ）的余弦称为功率因数。用符号 $\cos\varphi$ 表示。根据功率三角形可知功率因数在数值上等于有功功率 P 与视在功率 S 的比值，即：

$$\cos\varphi = \frac{P}{S}$$

功率因数的大小与电路的负荷性质有关，电阻性负荷的功率因数等于1，具有电感性负荷的功率因数小于1。求功率因数大小的方法很多，常用的方法有两种：

①直接计算法。公式为：

$$\cos\varphi = \frac{P}{S} \text{ 或 } \cos\varphi = \frac{R}{Z}$$

②若有功电量以 W_P 表示，无功电量以 W_Q 表示，则功率因数平均值为：

$$\cos\varphi = \frac{W_\text{P}}{\sqrt{W_\text{P}^2 + W_\text{Q}^2}}$$

变压器等电器设备都是根据其额定电压和额定电流设计的，它们都有固定的视在功率。功率因数越大，表示电源所发出的电能转换为有功电能越高；反之功率因数越低，电源所发出的电能被利用得越少。

3. 三相交流电路

通常把三相电动势、电压和电流统称为三相交流电。

（1）三相交流电路的优点。三相交流电路的优点有：

①远距离输电时比单相能节约铜 25%。

②三相发电机和变压器的结构和制造不复杂，但性能优良可靠，维护方便。

③三相交流电动机比单相电动机和直流电动机结构简单，坚固耐用，维护使用方便，运转平稳。

（2）三相交流电路的特征。如图 4-6 所示，三相交流电一般是指 3 个频率相同、幅值相同、相位互差 1/3 周期的正弦交流电。由三相交流电构成的电路就是三相交流电路。

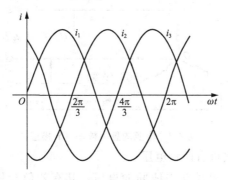

图 4-6　三相交流电

三相电源和三相负载都有星形接法和三角形接法。自负载引出的 3 条线称为相线。

三相电路有相电压和线电压之分。相电压是每相负载或每相电源首、尾端之间的电压，线电压是每两条相线之间的电压。

三相电路的电流也有相电流（I_P）和线电流（I_L）之分。相电流是流经每相负载或每相电源的电流，线电流是流经相线的电流。

（3）三相电交流电路的连接。在生产中，三相交流发电机的三个绕组都是按一定规律连接起来向负载供电的。通常有两种连接方法：星形（Y）连接和三角形（△）连接。

①电源的星形接法（Y 接法）。它是目前低压供电系统中采用最多的供电方式，它是把发电机三个线圈末端 X、Y、Z 连成一点，称为中性点，用符号 O 表示，这种接法称为电源的星形接

法（Y接法），从中性点引出的输电线称为中性线，中性线通常与大地相接，把接大地的中性点称为零点，接地的中性线称为零线，用字母 N 表示。

从三个线圈始端 A、B、C 引出的输电线称为端线，俗称火线。输电线常用颜色区分：黄色代表 A 相、绿色代表 B 相、红色代表 C 相、黑色（或白色）代表零线、黄绿相间代表保护线 PE 线。由于各相电动势相位互差 120°，因此用相序来表示它们达到最大值的先后次序为 A-B-C。如图 4-7 所示。

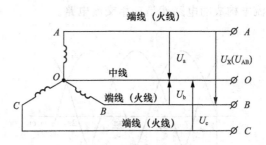

图 4-7　电源的星形接法（Y 接法）

星形接法可有两种电压。

相电压：相线与中线间的电压，其有效值分别以 U_A、U_B、U_C 或 $U_相$ 表示。

线电压：任意两相线之间的电压，其有效值分别用 U_{AB}、U_{BC}、U_{CA} 或 $U_线$ 表示。

星形接法，线电压与相电压的关系式为：

$$U_线 = \sqrt{3} U_相$$

当两相线之间电压为 380 V 时，相线和中线之间的电压为 220 V。必须指出，线电压的相位超前相电压 30°。

②电源的三角形接法（△接法）。三相电源的 3 个绕组首尾相接，由 3 个接点引出 3 根电源线的电源接线方法称为电源的三角形接法（△接法）。因其不存在中性点，无法引出零线（N 线）。所以这种供电方式只能提供电动机等三相负载的用电，或仅提供线电压的单相用电。如图 4-8 所示。

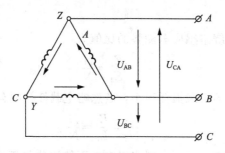

图 4-8 电源的三角形接法（△接法）

三角形接法的线电压等于相电压：

$$U_{线} = U_{相}$$

三角形接法的线电流与相电流的关系则为：

$$I_{线} = \sqrt{3} I_{相}$$

当向供电线路供电，或用电系统只需一种电压时发电机的绕组或变压器的输出绕组常接成三角形接法。

四、变压器工作原理

变压器的电磁部分由铁心和线圈组成，其工作原理是建立在电磁感应原理上的。变压器空载运行时的情况如图 4-9 所示。

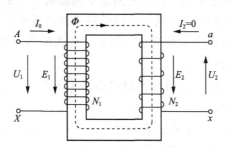

图 4-9 单相变压器空载运行原理

与电源连接的绕组称为原绕组，与负载连接的绕组称为副绕组。变压器原绕组有 N_1 匝，副绕组有 N_2 匝。

当原绕组 N_1 两端接入交流电压 U_1 时，绕组中便流过交流电流 I_0，铁心中便会产生交变磁通 Φ。设此磁通全部通过铁心（即忽略漏磁通），则在原绕组 N_1 和副绕组 N_2 中分别产生感应电动势

E_1、E_2。

原、副绕组感应电动势的比值为：

$$\frac{E_1}{E_2}=\frac{N_1}{N_2}$$

变压器的空载损耗很小，若忽略空载耗损则有：

$$\frac{U_1}{U_2}=\frac{E_1}{E_2}=\frac{N_1}{N_2}$$

可见，变压器原、副绕组中电压的比值等于原、副绕组的匝数比。原绕组输入电压与副绕组输出电压的比值称作变压器的变比，用 K 表示。即：

$$K=\frac{U_1}{U_2}$$

》》 第三节　金属学与热处理基础 《《

一、金属学基本知识

1. 金属的基本结构

金属和其他物质一样，是由原子构成的。原子在金属内部的排列是有规则和有秩序的，所以金属的构造属于晶体。与非晶体不同，金属具有固定的熔点，例如，纯铁的熔点是 1 535℃，铜的熔点是 1 083℃等。

金属原子按一定的排列规则形成了所谓的"空间晶格"，主要有以下 3 种：

（1）体心立方晶格。它的晶胞是 1 个立方体，原子位于立方体的 8 个顶角上和立方体的中心，如图 4-10 所示。属于这种晶格类型的金属有铬、钒、钨、钼及 α-铁等金属。

（2）面心立方晶格。它的晶胞也是 1 个立方体，原子位于立方体 8 个顶上和立方体 6 个面的中心，如图 4-11 所示。属于这种晶格类型的金属有铝、铜、铅、镍、γ-铁等金属。

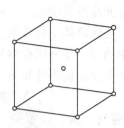

图 4-10　体心立方晶胞

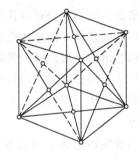

图 4-11　面心立方晶胞

　　纯铁在常温下是体心立方晶格（称 α-铁），在 910℃时则转变为面心立方晶格（称 γ-铁），再升温到 1 300℃时，又转变为体心立方晶格（称 δ-Fe），然后一直保持到熔化温度。纯铁的晶格随温度而变化，是钢铁所以能够通过热处理获得不同性能的基础之一。

　　（3）密排六方晶格。它的晶胞是一个正六方柱体，原子排列在柱体的每个角顶上和上、下底面的中心，另外 3 个原子排列在柱体内，如图 4-12 所示。属于这种晶格类型的金属有镁、铍、镉及锌等金属。

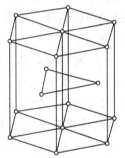

图 4-12　密排六方晶胞

　　2. 合金组织

　　合金是一种金属元素与其他金属元素或非金属，通过熔炼或其他方法结合成的具有金属特性的物质。与组成合金的纯金属相比，合金除具有更好的力学性能外，还可以调整组成元素之间的比例，以获得一系列性能各不相同的合金，而满足生产的要求。

　　组成合金最基本的独立物质称为组元，简称元。组元可以是金属元素、非金属元素或稳定的化合物。根据合金中组元数目的多少，合金可分为二元合金、三元合金和多元合金。

　　在合金中具有相同的物理和化学性能并与其他部分以界面分开的一种物质部分称为相。液态物质称为液相，固态物质称为固相。在固态相，物质可以是单相的，也可以是多相组成的。由数量、形态、大小和分布方式不同的各种相组成了合金的组织。

（1）固溶体。固溶体是合金中一组元溶解其他组元，或组元之间相互溶解而形成的一种均匀固相。在固溶体中保持原子晶格不变的组元叫作溶剂，而分布在溶剂中的另一组元叫作溶质。根据原子在晶格上分布的形式，固溶体分为置换固溶体和间隙固溶体两类。

①置换固溶体。溶质原子置换了溶剂晶格中某些结点位置上的溶剂原子而形成的固溶体，称为置换固溶体。形成这类固溶体的溶剂原子其大小必须与溶剂原子相近。置换固溶体可以是无限固溶体，也可以是有限固溶体。如图4-13所示。

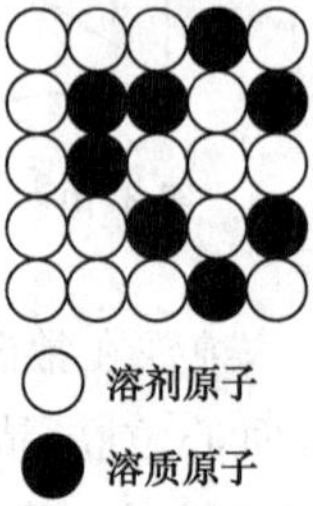

○ 溶剂原子
● 溶质原子

图4-13　置换固溶体

②间隙固溶体。溶质原子分布于溶剂晶格间隙之中而形成的固溶体。由于溶剂晶格的空隙尺寸有限，故能够形成间隙固溶体的溶质原子，其尺寸都比较小。通常原子直径的比值（$d_{质}/d_{剂}$）<0.59时，才有可能形成间隙固溶体。间隙固溶体一般都是有限固溶体。如图4-14所示。

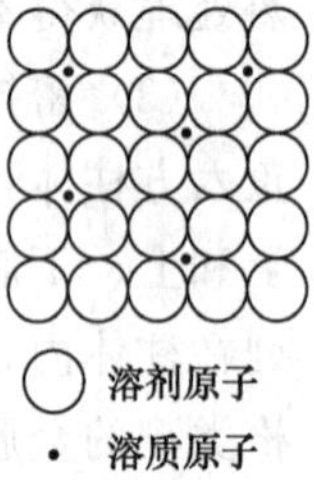

在固溶体中，溶质原子的溶入而使溶剂晶格发生畸变，这种现象称为固溶强化。它是提高金属材料力学性能的重要途径之一。

○ 溶剂原子
· 溶质原子

图4-14　间隙固溶体

（2）金属化合物。合金组元间发生相互作用而形成一种具有金属特性的物质称为金属化合物。金属化合物的晶格类型和性能完全不同于任一组元，可用化学分子式来表示。例如碳化铁（Fe_3C），也叫渗碳体，是按铁原子和碳原子化合所组成的复杂的八面体晶格。金属与金属或金属与非金属之间的化合物，一般情况下熔点高、硬度高、脆性大，因此不宜直接使用。金属化合物存在于合金中一般起强化相作用。

（3）机械混合物。固溶体和化合物均为单相合金，若合金由两种不同的晶体结构彼此机械混合组成，则称为机械混合物。它往往比单一的固溶体合金有更高的强度、硬度和耐磨性；塑性和压力加工性能则较差。

二、铁碳合金的基本组织

钢和铸铁都是铁碳合金，其中含碳量小于 2.11％的铁碳合金，称为钢；含碳量 2.11％～6.67％的铁碳合金称为铸铁。工业上用的钢，含碳量很少超过 1.4％，而其中用于制造焊接结构的钢，含碳量需要更低些。因为随着含碳量提高，钢的塑性和韧性变差，致使钢的加工性能降低。特别是焊接性能，随着结构钢含碳量的提高而变得较差。

不同含碳量的钢具有不同的力学性能，这主要是由于含碳量不同则钢的微观组织亦不同的缘故。钢的微观组织主要有铁素体、渗碳体、珠光体、奥氏体、莱氏体和马氏体等。

1. 铁素体

铁素体是碳溶解在 α-Fe 中形成的间隙固溶体，用符号 F 来表示。它是由少量的碳和其他元素固溶于 α-Fe 中形成的体心立方晶格的固溶体，在低于 910℃时出现。铁素体的强度和硬度较低，但塑性和韧性很好。

2. 渗碳体

渗碳体是含碳量为 6.69％的铁与碳的金属化合物，其分子式为 Fe_3C，用符号 C 表示。渗碳体具有复杂的斜方晶体结构，它与铁和碳的晶体结构完全不同。按计算，其熔点为 1 227℃，不发生同素异构转变。渗碳体的硬度很高，塑性很差，是一个硬而脆的组织。在钢中，渗碳体以不同形态和大小的晶体出现于组织中，对钢的力学性能影响很大。

3. 珠光体

珠光体是铁素体和渗碳体混合在一起的结构，即铁素体和渗碳体晶体的机械混合物，用符号 P 表示。珠光体只在低于 723℃才存在，这一混合结构的平均含碳量是 0.8％。珠光体的性能介于铁素体和渗碳体之间，也就是说其硬度和强度比铁素体高，塑性和韧性比铁素体低，这是由于渗碳体梗塞在铁素体晶粒上，阻碍着铁素体的变形所致。

4. 奥氏体

奥氏体是碳溶解在 γ-Fe 中所形成的间隙固溶体，用符号 A 来表示。奥氏体具有面心立方晶格。碳钢中的奥氏体只出现在高温区域内，在低于 723℃ 以后，奥氏体就随钢合金中含碳量的不同，分别转变为铁素体、珠光体和渗碳体。奥氏体具有低的硬度和强度，但塑性和韧性极为良好。

5. 莱氏体

莱氏体是含碳量为 4.3% 的合金，在 1 148℃ 时从液相中同时结晶出来奥氏体和渗碳体的混合物，用符号 Ld 表示。莱氏体的力学性能和渗碳体相似，硬度高，塑性很差。

6. 马氏体

马氏体是碳在 α-Fe 中的过饱和固溶体，用符号 M 来表示。马氏体的体积比相同重量的奥氏体的体积大，因此，由奥氏体转变为马氏体时体积要膨胀，局部体积膨胀后引起的内应力往往导致零件变形、开裂。马氏体一般可分为低碳马氏体和高碳马氏体。低碳回火马氏体则具有相当高的强度以及良好的塑性与韧性。高碳淬火马氏体具有很高的硬度和强度，但是脆性大，延展性很低，几乎不能承受冲击载荷。

三、钢的热处理

钢在固态下加热到一定温度，在这个温度下保持一定时间，然后以一定冷却速度冷却到室温，以获得所希望的组织结构和工艺性能，这种加工方法称为热处理。热处理在机械制造业中占有十分重要的地位。

热处理之所以能使钢的性能发生变化，其根本原因是由于铁有同素异构转变，从而使钢在加热和冷却过程中，其内部发生了组织与结构变化的结果。

根据加热、冷却方法的不同可分为淬火、回火、正火、退火。

1. 淬火

将钢件加热到 Ac_3 或 Ac_1 以上某一温度，保持一定时间，然后以适当速度冷却（达到或大于临界冷却速度），以获得马氏体或贝氏体组织的热处理工艺称为淬火。但是含碳量小于 0.25％ 的低碳钢，不易淬火形成马氏体。

把奥氏体化的钢件淬火成马氏体后，可以提高钢的硬度、强度和耐磨性，更好地发挥钢材的性能潜力。但淬火马氏体不是热处理所要求的最终组织。因此在淬火后，必须配以适当的回火。淬火马氏体在不同的回火温度下，可以获得不同的力学性能，以满足各类工具或零件的使用要求。

2. 回火

钢件淬火后，再加热到 Ac_1 点以下的某一温度，保温一定时间，然后冷却到室温的热处理工艺称为回火。

按回火温度的不同可分为低温回火（150～250℃）、中温回火（350～450℃）和高温回火（500～650℃）。低温回火后得到回火马氏体组织，硬度稍有降低，韧性有所提高。中温回火后得到回火托氏体组织，提高了钢的弹性极限和屈服点，同时也有较好的韧性。高温回火后得到回火索氏体组织，可消除内应力，降低钢的强度和硬度，提高钢的塑性和韧性。

淬火处理所获得的淬火马氏体组织很硬、很脆，并存在大量的内应力，而易于突然开裂。因此，淬火后必须经回火热处理才能使用。

3. 正火

将钢材或钢件加热到 Ac_3 或 Ac_{cm} 以上 30～50℃，保温适当的时间后，在静止的空气中冷却的热处理工艺称为正火。许多碳素钢和低合金结构钢经正火后，各项力学性能均较好，可以细化晶粒。对于焊接结构，经正火后，能改善焊接接头性能，可消除粗晶组织及组织不均匀等。

正火与退火两者的目的基本相同，但正火的冷却速度比退火稍快，故正火钢的组织较细，它的强度、硬度比退火钢高。

4. 退火

将钢加热到适当温度，并保持一定时间，然后缓慢冷却（一般随炉冷却）的热处理工艺称为退火。退火不仅可以降低钢的硬度，提高塑性，以利于切削加工及冷变形加工。还可以细化晶粒,均匀钢的组织及成分,改善钢的性能或为以后的热处理作准备。同时还可消除钢中的残余内应力,以防止变形和开裂。

常用的退火方法有:完全退火、球化退火、去应力退火等几种。

(1)完全退火。将钢完全奥氏体化,随之缓慢冷却,获得接近平衡状态组织的工艺称为完全退火。完全退火主要用于中碳钢及低、中碳合金结构钢的锻件、铸件等。它可降低钢的强度,细化晶粒,充分消除内应力。

(2)球化退火。为使钢中碳化物呈球状化而进行的退火称为球化退火。球化退火适用于共析钢及过共析钢,如碳素工具钢、合金工具钢、轴承钢等。它不但可使材料硬度低,便于切削加工,而且在淬火加热时,奥氏体晶粒不易粗大,冷却时工件的变形和开裂倾向小。

(3)去应力退火。为了去除由于塑性变形、焊接等原因造成的以及铸件内存在的残余应力而进行的退火称为去应力退火。去应力退火工艺是将钢加热到略低于 A_1 的温度(一般取 $600\sim650℃$),经保温缓慢冷却即可。在去应力退火中,钢的组织不发生变化,只是消除内应力。

零件中存在内应力是十分有害的,如不及时消除,将使零件在加工及使用过程中发生变形,影响工件的精度。此外,内应力与外加载荷叠加在一起还会引起材料发生意外的断裂。因此,锻造、铸造、焊接以及切削加工后(精度要求高)的工件应采用去应力退火,以消除加工过程中产生的内应力。

第五章

电焊工焊接技术

》》 第一节　手工电弧焊焊接技术 《《

一、引弧

引弧是指使焊条和焊件之间产生稳定的电弧。引弧时，首先将焊条末端与焊件表面接触形成短路，然后迅速将焊条向上提起 2~4 mm 的距离，电弧即可引燃。引弧方法有敲击法和摩擦法两种，如图 5-1、表 5-1 所示。

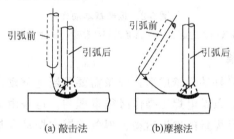

(a) 敲击法　　　　　(b)摩擦法

图 5-1　引弧方法

表 5-1　引弧的方法

项　目	内　容
敲击法	引弧时，将焊条末端对准待焊接处，轻轻敲击后将焊条提起，引燃电弧，使弧长为 0.5~1 倍的焊条直径，然后开始正常焊接。敲击法主要用于薄板的定位焊接、不锈钢板、铸铁和狭小工作表面的焊接，适用于全位置焊接
摩擦法	引弧时，焊条末端应对准待焊处，然后用手腕扭转，使焊条在焊件上轻微滑动，滑动长度一般在 20~25 mm，当电弧引燃后的瞬间，使弧长为 0.5~1 倍的焊条直径，并迅速将焊条移至待焊部位，稍作横向摆动。摩擦法不适合在狭小的工作面上引弧，主要用于碳钢焊接、厚板焊接、多层焊接的引弧

在引弧处，由于工件温度较低，焊条药皮还没有充分发挥作用，会使引弧点处焊缝较高，熔深较小，易产生气孔，所以宜在焊缝起始点后面 10 mm 处引弧。引燃电弧后拉长电弧，并迅速将电弧移至焊缝起点进行预热，预热后将电弧压短进行正常焊接，酸性焊条的弧长等于焊条直径，碱性焊条的弧长应为焊条直径的一半左右。采用摩擦法引弧，即使在引弧处产生气孔，也能在电弧的第 2 次经过时，将金属重新熔化，消除气孔，且不会留下引弧伤痕。

图 5-2　运条基本动作

1—焊条的送进运动；2—焊条沿焊缝移动；3—焊条的横向摆动

二、运条

为获得良好的焊缝成形，焊条需要不断地移动。焊条的移动称为运条。运条是电焊工操作必须掌握的。运条由 3 个基本动作合成，分别是焊条的送进运动、焊条的横向摆动和焊条沿焊缝移动，如图 5-2 所示。

1. 焊条的送进运动

主要是用来维持所要求的电弧长度。由于电弧的热量熔化了焊条端部，电弧会逐渐变长，有息弧的倾向。要保持电弧继续燃烧，必须将焊条向熔池送进，直至整根焊条焊完为止。为保证一定的电弧长度，焊条的送进速度与焊条的熔化速度应相等，否则会引起电弧长度的变化，影响焊缝的熔宽和熔深。

2. 焊条的摆动和沿焊缝移动

这两个动作是紧密相连的，而且变化较多、较难掌握。摆动和移动的复合运动会影响焊缝的高度、宽度、熔透度和外观。

焊条电弧焊常见的运条手法见表 5-2。不同长度焊缝焊接方法见表 5-3。

表 5-2 焊条电弧焊常见的运条手法

运条手法	示意图	特点	适用范围
直线形	→	焊条不做横向摆动，沿焊接方向直线移动，熔深较大，且焊缝宽度较窄，在正常焊接速度下，焊波饱满平整	适用于板厚 3～5 mm的不开坡口的对接平焊、多层焊的打底焊及多层焊道
锯齿形	VVVVVVV	焊条末端作锯齿形连续摆动并向前移动，在两边稍停片刻，以防产生咬边缺陷。操作容易，应用较广	适用于中厚板的平焊、立焊、仰焊的对接接头和立焊的角接接头
月牙形	mmmmmmm	焊条末端沿着焊接方向做月牙形左右摆动，并在两边的适当位置作片刻停留，使焊缝边缘有足够的熔深，防止产生咬边缺陷，此方法使焊缝的宽度和余高增大。具有金属熔化良好，保温时间长，熔池内气体和熔渣容易排出的优点	适用于仰焊、立焊、平焊，及对焊缝的饱满度要求较高的地方
圆形	OOOOOOOOO	焊条末端做连续圆圈运动，并不断前进，能使熔化的金属有足够高的温度，利于气体排出，防止产生气孔	焊接较厚工件的平焊缝
	OOOOOOOOO	能防止金属液体下淌，有助于焊缝成形	"T"形接头的平角横焊缝和对接接头的横焊缝

表 5-3　各种长度焊缝的焊接方法

焊接方法	示意图	特点和适用范围
直通焊接法		焊接由焊缝起点开始，到终点结束，焊接方向不变 适用于短焊缝的焊接
对称焊接法	5/3/1/2/4/6	以焊缝中点为起点，交替向两端进行直通焊，以减少焊接变形 适用于中等长度的焊缝
分段退焊法	总的焊接方向 4/3/2/1	第一段焊缝的起焊处要低点，下一段焊缝收弧时形成平滑接头。预留距离宜为一根焊条的焊缝长度，以节约焊条 适用于中等长度的焊缝
分中逐步退焊法	4 3 2 1 1' 2' 3' 4'	从焊缝中点向两端逐步退焊。可由 2 名焊工同时操作 适用于长焊缝的焊接
跳焊法	1 2 3 4 5 6 7 8	朝一个方向进行间断焊接，每段焊接长度宜为 200～250 mm 适用于长焊缝的焊接
交替焊法	2 5 7 3 6 8 4 1	选择焊件温度最低的位置进行焊接，使焊件温度分布均匀，有利于减少焊接变形 适用于长焊缝的焊接

三、平焊对接

1. 坡口准备

采用"I"形坡口双面焊，调整工件，保证接口处平整。清除工件的坡口表面和坡口两侧各 20 mm 范围内的铁锈、油污和水分等。工件组合：将 2 块工件水平放置并对齐，如图 5-3 所示，两块钢板间预留 1～2 mm 间隙。

2. 定位焊接

定位焊是保证结构拼装位置的焊接。定位焊时电流要提高 10%～15%，要求预热的构件，也用正式焊缝同样的预热温度进行预热，交叉焊缝应离开 50 mm 左右进行定位焊，应尽量避免在低温下进行定位焊，起点和终点要平缓。定位焊的要求见表 5-4。

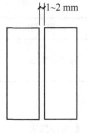

图 5-3　工作组合

表 5-4　定位焊的尺寸要求

工件尺寸（mm）	定位焊高度（mm）	长度（mm）	间距（mm）
≤4	≤4	5～10	50～100
4～12	3～6	10～20	100～200
＞12	6	15～20	200～300

在钢板两端每端先焊上一小段长 10～15 mm 的焊缝，以固定两工件的相对位置，焊后清渣干净。若焊件较长，则每隔 100～200 mm 进行一次定位焊，如图 5-4 所示。

3. 正式焊接

选择合适的工艺参数进行焊接。先焊定位焊缝的反面，焊后除渣和飞溅；再翻转焊件，焊另一面，焊后除渣和飞溅。

四、收弧与临时停弧

收弧和停弧的方法，见表 5-5。

图 5-4　定位焊

表 5-5　收弧和停弧的方法

项　目	内　容
画圈收弧法	当焊条移至焊接终点时，做画圈运动，直到填满弧坑再拉断电弧。此方法适用于厚板焊件。如图 5-5（a）所示
反复断弧收弧法	收弧时，焊条在弧坑处反复息弧、引弧数次，直到填满弧坑为止。适用酸性焊条的薄板和大电流焊接。如图 5-5（b）所示

项　目	内　容
回焊收弧法	当焊条移至焊缝收尾处立即停止，并改变焊条角度回焊一小段。适用于碱性焊条。如图 5-5（c）所示
临时停弧法	当换焊条或其他原因需要临时停止电弧焊时，称为临时停弧。这时应将电弧逐渐引向剖口的斜前方，同时慢慢抬高焊条，使熔池逐渐缩小，直到电弧熄灭，如图 5-5（d）所示。这样当液体金属凝固后，一般不会出现缺陷

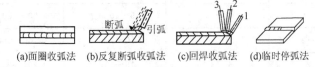

(a)面圈收弧法　　(b)反复断弧收弧法　　(c)回焊收弧法　　(d)临时停弧法

图 5-5　收弧方法

五、焊接位置

　　熔焊时，焊件接缝所处的空间位置称为焊接位置，有平焊位置、立焊位置、横焊位置和仰焊位置等。对接接头和角接接头的各种焊接位置如图 5-6 所示。平焊位置易于操作，生产率高，劳动条件好，焊接质量容易保证。因此，焊件应尽量放在平焊位置施焊，立焊位置和横焊位置次之，仰焊位置难度较大。

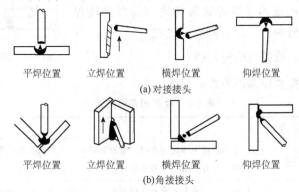

平焊位置　　　立焊位置　　　横焊位置　　　仰焊位置

(a)对接接头

平焊位置　　　立焊位置　　　横焊位置　　　仰焊位置

(b)角接接头

图 5-6　焊接位置

职业技能培训教材·建筑工程系列

电焊工

六、电弧焊焊接工艺参数

1. 工艺参数选择

（1）焊条厚度与直径。

主要依据焊件厚度，同时考虑接头形式、焊接位置、焊接层数等因素。厚焊件可选用大直径焊条，薄焊件应选用小直径焊条。一般情况下，可参考表 5-6 选择焊条直径。

表 5-6　焊件厚度与焊条直径的关系

焊件厚度（mm）	<4	4～12	>12
焊条直径（mm）	不超焊件厚度	3.2～4.0	4.0～5.0

在立焊位置、横焊位置和仰焊位置焊接时，熔化金属容易从接头中流出，应选用较小直径焊条。多层焊时，第 1 层焊缝应选用较小直径焊条，以便于操作和控制熔透；以后各层可选用较大直径焊条，以加大熔深和提高生产率。

（2）焊条电流。

主要根据焊条直径。对一般钢焊件，可以根据下面的经验公式来确定：

$$I = Kd$$

式中：I——焊接电流（A）；

　　　d——焊条直径（mm）；

　　　K——经验系数，可按表 5-7 确定。

表 5-7　根据焊条直径选择焊接电流的经验系数

焊条直径（mm）	1.6	2.0～2.5	3.2	4.0～5.8
K	20～25	25～30	30～40	40～50

根据以上经验公式计算出的焊接电流，只是一个大概的参考数值，在实际生产中还应考虑焊件厚度、接头形式、焊接位置、焊条种类，通过焊接工艺评定来确定。

（3）电弧电压。

由电弧长度决定。电弧长则电弧电压高，反之则低。若电弧过长，电弧飘摆，燃烧不稳定，熔深减小、熔宽加大，并且容易产生焊接缺陷。若电弧太短，熔滴过渡时可能经常发生短路，使操作困难。

（4）焊接速度。

指单位时间内焊接电弧沿焊件接缝移动的距离。

2. 工艺参数对焊缝的影响

焊接工艺参数是否合适，直接影响焊缝成形。图 5-7 表示焊接电流和焊接速度对焊缝形状的影响。

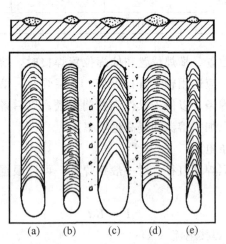

(a)　(b)　(c)　(d)　(e)

图 5-7　焊接电流和焊接速度对焊缝形状的影响

（1）焊接电流和焊接速度合适时，焊缝形状规则，焊波均匀并呈椭圆形，焊缝到母材过渡平滑，焊缝外形尺寸符合要求，如图 5-7（a）所示。

（2）焊接电流太小时，电弧吹力小，熔池金属不易流开，焊波变圆，焊缝到母材过渡突然，余高增大，熔宽和熔深均减小，如图5-7（b）所示。

（3）焊接电流太大时，焊条熔化过快，尾部发红，飞溅增多，焊波变尖，熔宽和熔深都增加，焊缝出现下塌，严重时可能产生烧穿，如图 5-7（c）所示。

（4）焊接速度太慢时，焊波变圆，熔宽、熔深和余高均增加，如图 5-7（d）所示。焊接薄焊件时，可能产生烧穿缺陷。

（5）焊接速度太快时，焊波变尖，熔宽、熔深和余高都减小，如图 5-7（e）所示。

（6）厚板焊接时，要采用多层焊或多层多道焊。

七、低碳钢焊接

1. 预热

低碳钢一般不需预热，只有在厚壁、刚度过大、焊接环境温度过低时，才需要预热。

当施工现场温度低于 0℃、母材含碳量较高及壁较厚时，应考虑预热。预热温度控制在 100～150℃。在低温焊接时，要加大焊接电流、降低焊接速度、连续施焊。

2. 层间温度及焊后热处理

低碳钢焊件一般不进行焊后热处理。当焊接刚度较大、壁较厚及焊缝很长时，为防止焊接裂纹，应采取控制层间温度和焊后热处理等措施。如低碳钢管在壁厚大于 36 mm 时，焊后进行回火处理，回火温度一般为 600～650℃。焊接低碳钢时的层间温度及焊后回火处理温度见表 5-8。

表 5-8　焊接低碳钢时的层间温度及焊后回火处理温度

牌　号	材料厚度（mm）	层间温度（℃）	回火温度（℃）
Q235、08、10、15、20	50 左右	＜350	600～650
	＞50～100	＞100	
25g、20g、22g	25 左右	＞50	
	＞50	＞100	

3. 焊条的选择

低碳钢焊接材料（焊条）的选用原则是保证焊接接头与母材强度相等。低碳钢通常使用 Q235 钢材，E43××系列焊条正好与之匹配。这一系列焊条有多种型号，可根据具体母材和受载情况等，参照表 5-9 加以选用。

表 5-9　低碳钢焊接焊条的选用

钢号	焊条选用		施焊条件
	一般结构（包括壁厚不大的中、低容器）	焊接动载荷、复杂和厚板结构、重要受压容器及低温焊接	
Q235 Q255	E4321、E4313、E4303、E4301、E4320、E4322、E4310、E4311	E4303、 E4301、 E4320、E4322、 E4310、 E4311、E4316、E4315	一般不预热
Q275	E4316、E4315	E5016、E5015	厚板结构预热150℃以上
08、10、15、20	E4303、E4301、E4320、E4322	E4316、E4315	一般不预热
25、30	E4316、E4315	E5016、E5015	厚板结构预热150℃以上

4. 工艺要点和焊接规范

（1）在焊前对焊条按规定进行烘干，要清除待焊处的油、污、垢、锈，以防止产生裂纹和气孔等缺陷。

（2）避免采用深而窄的坡口形式，避免出现夹渣、未焊透等缺陷。

（3）在施焊时要控制热影响区的温度，不能过高，并在高温停留的时间不能太长，以防止晶粒粗大。

（4）尽量采用短弧焊、多层焊，每层焊缝金属厚度不应大于4 mm，最后一层盖面焊缝要连续焊完。

（5）低碳钢、低合金钢焊条电弧焊的焊接参数，见表5-10。

表 5-10　低碳钢、低合金钢焊条电弧焊的焊接参数

焊缝空间位置	焊件厚度或焊脚尺寸（mm）	第1层焊缝		以后各层焊缝		打底焊缝	
		焊条直径（mm）	焊接电流（A）	焊条直径（mm）	焊接电流（A）	焊条直径（mm）	焊接电流（A）
平对接焊缝	2	2	55～60			2	55～60
	2.5～3.5	3.2	90～120			3.2	90～120
	4～5	3.2	100～130	—	—	3.2	100～130
		4	160～200			4	160～210
		5	200～260			5	220～250
	5～6		160～210			3.2	100～130
						4	180～210
	＞6	4	160～210	4	160～210	4	180～210
				5	210～280	5	220～280
	≥12		160～210	4	160～210	—	—
				5	220～280		
立对接焊缝	2	2	50～55			2	50～55
	2.5～4	3.2	80～110	—	—	3.2	80～110
	5～6		90～120				90～120
	7～10	3.2	90～120	4	120～160	3.2	90～120
		4	120～160				
	≥11	3.2	90～120				
		4	120～160	5	160～200		
	12～18	3.2	90～120	4	120～160	—	
		4	120～160				
	≥19	3.2	90～120				
		4	120～160	5	160～200		
横对接焊缝	2	2	50～55			2	50～55
	2.5	3.2	80～110			3.2	80～110
	3～4		90～120				90～120
		4	120～160			4～120	160
	5～8	3.2	90～120	3.2	90～120	3.2	90～120
						4	120～160
	≥19					3.2	90～120
		4	140～160	4	140～160	4	120～60
	14～18	3.2	90～120			—	
		4	140～160				
	≥19	4	140～160				

焊缝空间位置	焊件厚度或焊脚尺寸（mm）	第1层焊缝		以后各层焊缝		打底焊缝	
		焊条直径（mm）	焊接电流（A）	焊条直径（mm）	焊接电流（A）	焊条直径（mm）	焊接电流（A）
平角焊缝	5~6	4	160~200	—	—	—	—
		5	220~280				
	≥7	4	160~200	5	220~280		
		5	220~280				
立角焊缝	2	2	50~60			—	—
	3~4	3.2	90~120				
	5~8	3.2	90~120				
		4	120~160				
	9~12	3.2	90~120	4	120~160		
		4	120~160				
	Ⅰ形坡口	3.2	90~120	4	120~160	3.2	90~120
		4	120~160				
仰角焊缝	2	2	50~60	—	—		
	3~4	3.2	90~120				
	5~6	4	120~160				
	Ⅰ形坡口			4	140~160		
	≥7	3.2	90~120	4	140~160	3.2	90~120
		4	140~160			4	140~160

八、低合金钢焊接

1. 低合金钢的焊条选择

低合金钢焊条选择要依据母材的力学性能、化学成分、接头刚性、坡口形式和使用要求等综合考虑。

（1）一般而言，焊条选用的原则主要是等强度原则。要求焊缝的强度等于或略高于母材金属的强度，但不要超过母材的强度太高；在特殊情况下，也有要求焊缝的强度略低于母材金属强度的。

（2）此外，还要根据焊接结构的重要程度选用酸、碱性焊条。

（3）对于重要的焊接结构，要求塑性好、冲击韧性高、抗裂性好、低温性能好的焊接结构应采用低氢碱性焊条。

（4）对于非重要的焊接结构，或坡口表面的油、漆、锈、垢和氧化皮等脏物难以清理干净时，在焊接结构的使用性能允许的前提下，也可考虑采用酸性焊条。

（5）低合金结构钢焊接选用的焊条见表 5-11。

表 5-11　低合金结构钢焊接选用的焊条

钢材型号		适用焊条型号	钢材型号	适用焊条型号
Q295	09MnV； 09Mn2 09MnNb； 12Mn	E4303（J422） E4301（J423） E4316（J426） E4315（J427） E5016（J506） E5015（J507）	Q345	18Nb； 12MnV 14MnNb 16Mn； 16MnRe	E5003（J502） E5001（J503） E5016（J506） E5015（J507） E5018（J506Fe） E5028 （J506Fel6）
Q390	15MnV； 16MnNb； 15MnTi	E5016（J506） E5015（J507） E5515-G （J557） E5516-G（J556） E5001（J503） E5003（J502） E5015-G （J507R） E5016-G （J505R）	Q420	15MnVNb； 14MnVTiRe	E5516-G （1556RH） E5515-G （J557MoV） E6016-D1 （J606） E5015-D1 （J607）

2. 低合金钢焊接工艺

（1）低合金钢焊接工艺要点和焊接规范的确定。低合金结构钢焊接时，焊接规范的影响比焊接低碳钢时要大，直接影响到焊接接头的性能。焊接规范参数即电弧电压、焊接电流和焊接速度的选择，要考虑三者的综合作用，即考虑焊接线能量。所谓线能量，是指焊接电弧的移动热源给予单位长度焊缝的热量。

$$线能量（J/mm）= \eta IU/\upsilon$$

式中：I—— 焊接电流（A）；

U——电弧电压（V）；

η——焊接速度（mm/s）；

υ——焊接中热量损失的系数，对焊条电弧焊 $\eta=0.66\sim0.85$。

当施焊条件相同时，电流大，即线能量大，冷却速度则小；反之，电流小，冷却速度则大。从减少过热区淬硬倾向来看，应选择较大的焊接参数。当碳当量 C_{eq} 值为 $0.4\%\sim0.6\%$，在焊接时对线能量要严格加以控制。线能量过低会在热影响区产生淬硬组织，易产生冷裂纹；线能量过高，热影响区晶粒会长大，对于过热倾向大的钢，其热影响区的冲击韧性就会降低。因此，对于过热敏感，且有一定淬硬性的钢材，焊接时应选用较小的焊接规范，以减少焊件高温停留的时间；同时采用预热，以减少过热区的淬硬倾向。

（2）焊前预热、层间温度和焊后热处理。焊接低合金结构钢时，为了防止产生冷裂纹，除选用低氢碱性焊条外，还应根据母材确定预热温度。采用局部预热时，预热宽度不小于壁厚的 $2\sim3$ 倍；定位焊应在预热后进行，焊接过程速度应低、焊接电流应大；焊接过程偶然中断时，工件应保持在预热温度以上待焊，或控制焊缝层间温度不得低于预热温度，并在焊后缓冷，及时做焊后热处理。

焊前预热温度与焊件材料和厚度有关。低合金结构钢碳当量 $C_{eq}>0.35\%$ 时，宜进行焊前预热，当碳当量 $C_{eq}>0.45\%$ 时，应进行焊前预热。

对于低合金钢的焊接，进行焊后热处理的目的是减少焊接热影响区淬硬倾向和焊接应力，防止产生冷裂纹，但同时应避免在焊后热处理过程中出现再热裂纹。若板较厚，焊至板厚的 $1/2$ 时，应做中间消除应力热处理；焊后应及时进行回火处理。再者，要求抗应力腐蚀的容器或低温下使用的焊件，应尽可能进行焊后消除焊接应力的热处理。常用低合金结构钢焊接前预热温度、焊接过程中的层间温度和焊后热处理温度见表 5-12。

表 5-12　低台金结构钢焊前预热温度、焊接过程中的
层间温度和焊后热处理温度

钢材牌号		预热温度（℃）	层间温度（℃）	焊后热处理
Q295	09MnV 09MnNb 09Mn2 12Mn	一般厚度不预热	不限	不处理
Q345	18Nb 12MnV 14MnNb 16Mn 16MnRe	$\delta \leqslant 40$ mm 不预热， $\delta > 40$ mm 预热温度 $\geqslant 100$		$600 \sim 650$℃ 回火
Q390	15MnV 15MnTi 16MnNb	$\delta \leqslant 32$ mm 不预热， $\delta > 32$ mm 预热温度 $\geqslant 100$		$560 \sim 690$℃ 或 $630 \sim 650$℃ 回火
Q420	14MnVTiRe 15MnVNb	$\delta > 32$ mm 预热温度 $\geqslant 100$	$100 \sim 150$	$550 \sim 600$℃ 回火

在表 5-13 中，Q345（16Mn）钢用量较大，应用最为广泛。Q345（16Mn）钢板一般以热轧供货，以改善塑性和低温冲击韧性，厚板做 900℃正火处理。Q345（16Mn）钢的碳当量 C_{eq} 值接近于 0.4%，具有一定的淬硬倾向，并存在产生冷裂纹问题。Q345（16Mn）钢不预热焊接的最低温度见表 5-13。当起焊时的温度低于下表中的数值时，应预热到100℃以上。

表 5-13　Q345（16Mn）钢不预热焊接的最低温度

Q345（16Mn）钢板 厚（mm）	不预热焊接的最低 温度（℃）	Q345（16Mn）钢板 厚（mm）	不预热焊接的最低 温度（℃）
＜16	-10	$25 \sim 40$	0
$16 \sim 24$	-5	＞40	要求预热及 焊后热处理

厚钢板中含有的硫、磷等杂质，在轧制时形成了带状组织，受焊接应力作用而造成层状撕裂。为了防止层状撕裂，除了应选

择层状偏析少的母材外，接头的坡口形式要设计得合理，尽量减少垂直于母材表面的拉力，或选择强度较低的焊条等方法。

》》 第二节　埋弧焊焊接技术 《《

一、埋弧焊特点

1. 焊接电流大

相应的电流密度大，加上焊剂和熔渣的隔热作用，热效率高、熔深大。工件不开坡口的情况下，一次可熔深20 mm。工件可不开或开较小坡口，减少填充材料。

2. 自动化程度高

采用裸体焊丝连续焊接，焊缝越长，生产率越高。

3. 焊缝质量好

埋弧焊时，焊剂对熔池有可靠的保护性，并可人为地渗透合金元素；焊接规范又可自动调节，保持稳定；焊缝不需中间接头，避免了最易产生缺陷的接头问题；热量集中，焊接速度快，焊接变形小。

4. 改善劳动条件

减轻劳动强度和弧光对人体的侵害。

5. 埋弧焊缺点

（1）由于采用颗粒状焊剂，一般只适合于平焊位置。

（2）设备比电焊复杂，灵活性差，只适用于较长焊缝，短焊缝效率低。

（3）不适合于焊薄板，不能直接观察熔池和焊缝形状。如果没有焊缝自动跟踪装置容易焊偏。

（4）装配质量要求较严格。

二、埋弧焊应用范围

由于埋弧焊熔深大、焊接速度快、机械化操作、生产率高，因而适用于焊接中厚度板的长焊缝，可焊接碳素钢、低合金钢、不锈钢、耐热钢及其复合钢等。在造船、锅炉、化工容器、桥梁、起重机械及冶金机械等制造工业中应用最普遍。

三、埋弧焊操作技术

埋弧焊操作技术，见表 5-14。

表 5-14　埋弧焊操作技术

项　目		内　容
工艺参数		埋弧焊焊接规范主要有焊接电流、电弧电压、焊接速度，焊丝直径等
		工艺参数主要有：焊丝伸出长度、焊件自身倾斜角度、电源种类和极性、装配间隙和坡口形式等
		选择埋弧焊焊接规范的原则是保证电弧稳定燃烧，焊缝形状尺寸符合要求，表面成形光洁整齐，内部无气孔、夹渣、裂纹、未焊透、焊瘤等缺陷。常用的选择方法有查表法、试验法、经验法、计算法。不管采用哪种方法所确定的参数，都必须在施焊中加以修正，达到最佳效果时方可连续焊接
操作技术	对接直焊焊接技术	
	焊剂垫法埋弧自动焊	在焊接对接焊缝时，为了防止焊渣和熔池金属的泄漏，采用焊剂垫作为衬垫进行焊接。焊剂垫的焊剂与焊接用的焊剂相同。焊剂要与焊件背面贴紧。能够承受一定的均匀的托力。要选用较大的焊接规范，使工件熔透，以达到双面成形
	焊剂—铜垫法埋弧自动焊	用焊剂，铜垫板取代焊剂垫，克服了焊剂垫托力不均的现象。同时，在工件与铜垫板之间的焊剂也起到了对熔池背面的保护和合金作用，以保护焊缝背面的成形
	手工焊封底埋弧自动焊	对无法使用衬垫的焊缝，可先行用手工焊进行封底，然后再采用埋弧焊
	悬空焊	悬空焊一般用于无坡口、无间隙的对接焊，它不用任何衬垫，装配间隙要求非常严格。为了保证焊透，正面焊时要焊透工件厚度的 40%～50%，背面焊时必须保证 60%～70%。在实际操作中一般很难测出熔深，经常是靠焊接时观察熔池背面颜色来判断估计，所以要有一定的经验
	多层埋弧焊	对于较厚钢板，一次不能焊完的，可采用多层焊。第 1 层焊时，规范不要太大，既要保证焊透，又要避免裂纹等缺陷。每层焊缝的接头要错开，不可重叠。一般每层焊高为 4～5 mm
	对接环焊接技术	圆形筒体的对接环缝的埋弧焊要采用带有调速装置的滚胎。如果需要双面焊，第 1 遍需将焊剂垫放在下面筒体外壁焊缝处。将焊接小车固定在悬臂架上，伸到筒体内壁下平焊。焊丝应偏移中心线下坡焊位置上。第 2 遍正面焊接时，在筒体外，上平焊处进行施焊

项　目		内　容
操作技术	角接焊缝焊接技术	埋弧自动焊的角接焊缝主要出现在 T 形接头和搭接接头中。一般可采取船形焊和斜角焊两种形式
	埋弧半自动焊	埋弧半自动焊主要是软管自动焊，其特点是采用较细直径（2 mm 或 2 mm 以下）的焊丝，焊丝通过弯曲的软管送入熔池。电弧的移动是靠手工来完成，而焊丝的送进是自动的。半自动焊可以代替自动焊一些弯曲和较短焊缝的焊接，主要应用于角焊缝，也可用于对接焊缝

>>> 第三节　二氧化碳气体保护焊焊接技术 <<<

一、二氧化碳气体保护焊特点

二氧化碳气体保护焊是利用二氧化碳（CO_2）气体作为保护气体的气体保护焊，简称二氧化碳（CO_2）焊。它利用焊丝作电极并兼作填充金属。CO_2 气体的密度约为空气的 1.5 倍。在受热时 CO_2 气体急剧膨胀，体积增大，可有效地排除空气，避免空气中的氧气、氮气对焊缝金属的危害。

二氧化碳气体保护焊按所用的焊丝直径不同，可分为细丝二氧化碳气体保护焊（焊丝直径为 0.5～1.2 mm）及粗丝二氧化碳气体保护焊（焊丝直径为 1.6～5 mm）。按操作方式，又可分为二氧化碳半自动焊和二氧化碳自动焊。

二氧化碳（CO_2）焊的优点是生产成本低，生产率高，焊接薄板速度快，变形小，操作灵活，适宜于进行各种位置的焊接。主要缺点是飞溅大，焊缝成形较差，焊接设备复杂。二氧化碳（CO_2）焊主要适用于低碳钢和低合金结构钢的焊接，不适用于焊接非铁合金和高合金钢。

二、二氧化碳气体保护焊操作技术

1. 工艺参数

（1）焊丝直径。二氧化碳（CO_2）焊时，电弧是在 CO_2 气体保护下燃烧的，在电弧的高温作用下，CO_2 气体将吸收热量、发生分解，CO_2 气体分解时对电弧产生强烈的冷却作用，引起弧柱与弧根收缩，电弧对熔滴产生排斥作用。这一作用就决定了二氧化碳焊时熔滴过渡特点。焊接参数不同，对熔滴过渡也产生不同的影响。

短路过渡是指焊丝端部的熔滴与熔池短路接触，由于强烈过热和磁收缩的作用使熔滴爆断，直接向熔池过渡的形式。短路过渡过程中燃弧与短路始终交替更换着。短路过渡过程十分稳定，工件变形小，适合焊接薄板。适应全位置焊。

在二氧化碳（CO_2）气体保护焊焊接过程中，对于一定直径的焊丝，当电流增大到一定数值后同时配以较高的电弧压，焊丝的熔化金属即以小颗粒自由飞落进入熔池，这种过渡形式为细颗粒过渡。细颗粒过渡时电弧穿透力强，母材熔深大，适用于中厚板焊接结构。细焊丝用于焊接薄板或打底层焊道。焊丝直径的选择可参考表 5-15。

表 5-15　不同直径焊丝的适用范围

焊丝直径（mm）	熔滴过渡形式	焊件厚度（mm）	焊缝位置
0.5～0.8	短路过渡	1.0～2.5	全位置
	颗粒过渡	2.5～4.0	水平位置
1.0～1.4	短路过渡	2.0～8.0	全位置
	颗粒过渡	2.0～12	水平位置
1.6	短路过渡	3.0～12	水平、立、横、仰
≥1.6	颗粒过渡	＞6	水平

（2）焊接电流。焊接电流根据焊丝直径大小与采用何种熔滴过渡形式来确定。可以参考表 5-16 确定。

表 5-16　不同直径焊丝焊接电流的选择范围

焊丝直径（mm）	焊接电流（A）	
	颗粒过渡（30～45V）	短路过渡（16～22V）
0.8	150～250	60～160

焊丝直径（mm）	焊接电流（A）	
	颗粒过渡（30~45V）	短路过渡（16~22V）
1.2	200~300	100~175
1.6	350~500	100~180
2.4	500~750	150~200

（3）焊丝伸出长度。焊丝伸出长度是指从导电嘴到焊丝端头的距离，以"L_{sn}"表示，可按下式选定：

$$L_{sn} = 10d$$

式中：d——焊丝直径（mm）。

如果焊接电流取上限数值，焊丝伸出长度也可适当增大些。

（4）电弧电压。细丝焊接时，电弧电压为 16~24 V；粗丝焊接时，电弧电压为 25~36 V。采取短路过渡时，电弧电压与焊接电流最佳配合范围见表 5-17。

表 5-17　二氧化碳短路过渡时电弧电压与焊接电流关系

焊接电流（A）	电弧电压（V）	
	平焊	立焊和仰焊
750~120	18~21.5	18~19
130~170	19.5~23.0	18~21
180~10	20~4	18~22
220~260	21~25	—

（5）电源极性。二氧化碳气体保护焊时，主要是采用直流反极性连接，焊接过程稳定，飞溅小。而正极性焊接时，因为焊丝是阴极，焊件为阳极，在焊丝熔化速度快且电流相同的情况下，熔深较浅，余高较大，飞溅也较多。

（6）焊接速度。焊接速度根据焊件材料的性质与厚度来确定。半自动焊时焊接速度在 15~40 m/h 的范围内，自动焊时在 15~30 m/h 的范围内。

（7）气体流量。不同的接头形式，其焊接工艺参数及作业条件对气体流量的选择都有影响。细焊丝焊接时，气体流量为 $8 \sim 15\ L/min$，而粗丝焊时可达 $25\ L/min$。

确定焊接工艺参数的程序是根据板厚、接头形式、焊接操作位置等确定焊丝直径和焊接电流，同时考虑熔滴过渡形式，然后确定其他参数。最后通过焊接工艺评定，满足焊接过程稳定、飞溅小，焊缝美观，没有烧穿、咬边、气孔和裂纹，保证熔深，充分焊透等要求，则为合适的焊接参数。

2. 焊接工艺过程

二氧化碳气体保护焊的焊接过程如图 5-8 所示。电源的两输出端分别接在焊枪和焊件上；盘状焊丝由送丝机构带动，经软管和导电嘴不断向电弧区域送给；二氧化碳气体以一定的压力和流量送入焊枪，通过喷嘴后，形成一股保护气流，使熔池和电弧不受空气侵入；随着焊枪的移动，熔池金属冷却凝固而形成焊缝，从而将被焊的焊件连成一体。

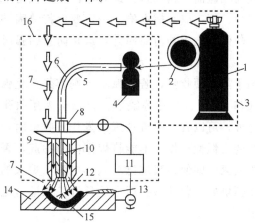

图 5-8 二氧化碳气体保护焊的焊接工艺过程

1—二氧化碳；2—焊丝盘；3—消耗材料；4—送丝机构；5—软管；6—焊丝；
7—二氧化碳气体；8—焊枪；9—喷嘴；10—导电嘴；11—电源；12—电弧；
13—焊缝；14—焊件；15—熔池；16—焊接设备

3. 基本操作

（1）定位焊。二氧化碳气体保护焊时热输入较手弧焊时更大，这就要求定位焊缝有足够的强度。同时，由于定位焊缝将保留在焊缝中，焊接过程中也很难重熔，因此要求焊工要与焊接正式焊缝一样的要求来焊接定位焊，不能有缺陷。定位焊焊缝厚度不宜超过设计焊缝厚度的 2/3，长度宜为 40 mm 左右，间距为 500～600 mm，并应填满弧坑。

（2）引弧及收弧操作。为消除在引弧时产生飞溅、烧穿、气孔及未焊透等缺陷，宜用引弧板；不采用引弧板而直接在焊件端部引弧时，可在焊缝始端前 20 mm 左右处引弧，起弧后立即快速返回起始点，然后开始焊接。

半自动二氧化碳气体保护焊，常采用短路引弧法。引弧前首先将焊丝端头剪去，因为焊丝端头常常有很大的球形，容易产生飞溅，造成缺陷。经剪断的焊丝端头应为锐角。引弧时，注意保持焊接姿势与正式焊接时一样，焊丝端头距工件表面的距离为 2～3 mm。然后，按下焊枪开关自动送气、送电、送丝，直至焊丝与工件表面相碰而短路起弧。此时，由于焊丝与工件接触而产生一个反弹力，焊工应紧握焊枪，一定要保持喷嘴与工件表面的距离恒定，勿使焊枪因冲击而回升，这是防止引弧时产生缺陷的关键。

焊接结束前必须收弧，若收弧不当则容易产生弧坑，出现弧坑裂纹（火口裂纹）、气孔等缺陷。收弧宜采用收弧板，将火口引至试件之外，可以省去弧坑处理的操作。收弧时，特别要注意克服手弧焊的习惯性动作，不能将焊把向上抬起，否则将破坏弧坑处的保护效果。即使在弧坑已填满、电弧已熄灭的情况下，也要让焊枪在弧坑处停留几秒钟后方能移开，保证熔池凝固时得到可靠的保护。

（3）焊接接头操作。在焊接过程中，焊缝接头是不可避免的，而接头处的质量又是由操作手法所决定的。通常采用两种接头处理方法。

①方法一。当无摆动焊接时，可在弧坑前方约 20 mm 处引弧，然后快速将电弧引向弧坑，待熔化金属填满弧坑后，立即将电弧引向前方，进行正常操作，如图 5-9（a）所示。

当采用摆动焊时，在弧坑前方约 20 mm 处引弧，然后快速将

图 5-9　焊接接头处理方法

1—引弧点；2—弧坑；3—焊接方向

电弧引向弧坑，到达弧坑中心后开始摆动并同前移动，同时，加大摆动转入正常焊接，如图 5-9（b）所示。

②方法二。首先将接头处用磨光机打磨成斜面，如图 5-10 所示。然后在斜面顶部引弧，引燃电弧后，将电弧斜移至斜面底部，转 1 圈后返回引弧处再继续向左焊接，如图 5-11 所示。

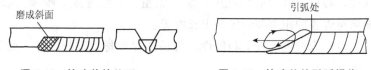

图 5-10　接头前的处理　　　**图 5-11　接头处的引弧操作**

半自动二氧化碳气体保护焊通常都采用左焊法。这是由于左焊法容易观察焊接方向，看清焊缝；电弧不直接作用于母材上，因而熔深较浅，焊道平而宽，抗风能力强，保护效果较好，特别适用于焊接速度较快时的焊接。打底焊焊层高度不超过 4 mm，填充焊时焊枪横向摆动，使焊道表面下凹，且高度低于母材表面 1.5～2 mm，盖面焊时焊接熔池边缘应超过坡口棱边 0.5～1.5 mm，防止咬边。右焊法的特点则刚好与此相反。

≫≫ 第四节　氩弧焊焊接技术 ≪≪

一、氩弧焊特点

1. 氩弧焊的优点

氩气是惰性气体，它既不与金属发生化学反应，又不溶解于金属，因而是一种理想的保护气体，能获得高质量的焊缝；氩气的导热系数小，高温时不分解吸热，电弧热量损失小，所以电弧一旦引燃就很稳定；明弧焊接，便于观察熔池，进行控制；可以进行各种空间位置的焊接，易于实现机械化和自动化。氩弧焊一般用于 8 mm 以下薄板焊接。

2. 氩弧焊的缺点

抗气孔能力较差；效率低，氩气价格贵，焊接成本高；氩弧焊设备较为复杂，维修不便。

二、氩弧焊焊接技术

1. 工艺参数

手工钨极氩弧焊的工艺参数有：焊接电源种类和极性、钨极直径、焊接电流、电弧电压、氩气流量、焊接速度、喷嘴直径、喷嘴至焊件的距离和钨极伸出长度等。

（1）焊接电源种类和极性。可根据焊件材质进行选择，见表5-18。

表 5-18　电源种类和极性的选择

电源种类和极性	被焊金属材料
直流正接	低碳铜、低合金钢、不锈钢、耐热钢、铜、钛及其合金
直流反接	适用于各种金属的熔化极氩弧焊，钨极氩弧焊很少采用
交流电源	铝、镁及其合金

①采用直流正接时，工件接正极，温度较高，适于焊厚件及散热快的金属；钨棒接负极，温度低，可提高许用电流，同时钨极烧损小。直流反接时，钨极接正极烧损大，所以很少采用。

②采用交流钨极氩弧焊时，阴极有去除氧化膜的作用，利用这种"阴极破碎"作用，在焊接铝、镁及其合金时，能去除表面致密的高熔点氧化膜。所以，通常用交流钨极氩弧焊来焊接氧化性强的铝镁及其合金。

（2）钨极直径。主要按焊件厚度、焊接电流的大小和电源极性来选择。如果钨极直径选择不当，将造成电弧不稳、钨棒烧损和焊缝夹钨等现象。

（3）焊接电流。主要根据工件的厚度和空间位置选择，过大或过小的焊接电流都会使焊缝成型不良或产生焊接缺陷。所以，必须在不同钨极直径允许的焊接电流范围内，正确地选择焊接电流，其选择见表 5-19。

表 5-19　不同直径钨极的许用电流范围

钨极直径（mm）	直流正接（A）	直流反接（A）	交流（A）
1	15～80	—	20～60
1.6	70～150	10～20	60～120
2.4	140～235	15～30	100～180
3.2	225～325	25～40	160～250
4.0	300～400	40～55	200～320
5.0	400～500	55～80	290～390

（4）电弧。电压由弧长决定，电压增大时，熔宽稍有增大，熔深减小。通过焊接电流和电弧电压的配合，可以控制焊缝形状。当电弧电压过高时，易产生未焊透现象，并使氩气保护效果变差。因此，应在电弧不短路的情况下，尽量减小电弧长度。钨极氩弧焊的电弧电压选用范围一般是 10～24 V。

（5）氩气流量。为了可靠地保护焊接区不受空气污染，必须有足够流量的保护气体。氩气流量越大，保护层抵抗流动空气影响的能力越强。但流量过大不仅浪费氩气，还可能使保护气流形成紊流，将空气卷入保护区，反而降低保护效果。所以，氩气流量要选择恰当，一般气体流量可按下列经验公式确定：

$$Q = (0.8 \sim 1.2)D$$

式中：Q——氩气流量（L/min）；

　　　D——喷嘴直径（mm）。

（6）焊接速度。焊接速度加快时，氩气流量要相应加大。焊接速度过快，由于空气阻力对保护气流的影响，会使保护层可能偏离钨极和熔池，从而使保护效果变差。同时，焊接速度还显著地影响焊缝成型。因此，应选择合适的焊接速度。

（7）喷嘴直径。增大喷嘴直径的同时也增大气体流量，此时保护区大，保护效果好。但喷嘴过大时，不仅使氩气的消耗量增加，而且可能使焊炬伸不进去，或妨碍焊工视线，不便于观察操作。故一般钨极氩弧焊喷嘴直径以 5～14 mm 为佳。

（8）喷嘴至焊件的距离。这里是指喷嘴端面和焊件间的距离，这个距离越小，保护效果越好，所以，喷嘴距焊件间的距离应尽可能小些。但过小，将使操作、观察不方便，因此，通常取喷嘴至焊件间的距离为 5～15 mm。

（9）钨极伸出长度。为了防止电弧热烧坏喷嘴，钨极端部突出喷嘴之外。而钨极端头至喷嘴端面的距离称为钨极伸出长度。钨极伸出长度越小，喷嘴与焊件之间的距离越近，保护效果越好，但过近会妨碍观察熔池。钨极端部要磨光，端部形状随电源变化，交流用圆珠形，直流用锥台形，锥度取决于电流，电流越小，锥度越大。通常焊接对接焊缝时，钨极伸出长度为 3～6 mm 较好；焊角焊缝时，钨极伸出长度为 7～8 mm 较好。

铝及铝合金、不锈钢的手工钨极氩弧焊，其焊接工艺参数的选择见表 5-20 和表 5-21。

2. 焊接工艺过程

（1）焊接前应对焊接设备进行检查。

①检查焊枪是否正常，地线是否可靠。

②检查水路、气路是否通畅，仪器仪表是否完好。

表 5-20　铝及铝合金（平对接焊）手工氩弧焊焊接工艺参数

工件厚度 （mm）	钨极直径 （mm）	焊接电流 （A）	焊丝直径 （mm）	喷嘴内径 （mm）	氩气流量 （L/min）	焊接速度 （mm/min）
1.2	1.6～2.4	45～75	1～2	6～11	3～5	—
2	1.6～2.4	80～110	2～3	6～11	3～5	180～230
3	2.4～3.2	100～140	2～3	7～12	6～8	110～160
4	3.2～4	140～230	3～4	7～12	6～8	100～150
6	4～6	210～300	4～5	10～12	8～12	80～130
8	5～6	240～300	5～6	12～14	12～16	80～130

表 5-21　钨极氩弧焊焊接工艺参数

接头形式	工件厚度 （mm）	钨极直径 （mm）	焊丝直径 （mm）	钨极伸出 长度（mm）	氩气流量 （L/min）	焊接电流
"I" 形 接头	0.8	1	1.2	5～8	6	18～20
	1	2	1.6	5～8	6	20～25
	1.5	2	1.6	5～8	7	25～30
	2	3	1.6～2	5～8	7～8	35～45
"V" 形 接头	2.5	3	1.6～2	5～8	8～9	60～80
	3	3	1.6～2	5～8	8～9	75～85
	4	3	2	5～8	9～10	75～90

③检查高频引弧系统、焊接系统是否正常，导线、电缆接头是否可靠，对于熔化极氩弧焊，还要检查调整机构、送丝机构是否完好。根据工件的材质选择极性，接好焊接回路，一般材质用直流正接，对铝及铝合金用交流电源。

④检查焊接坡口是否合格，坡口表面不得有油污、铁锈等，在焊缝两侧 200 mm 内要除油除锈。对于用胎具的，要检查其可靠性；对焊件需预热的，还要检查预热设备、测温仪器。

（2）填充焊缝。手工焊时，填充焊丝的添加和电弧的移动均靠手工操作；半自动焊时，填充焊丝的送进由机械控制，电弧的移动则靠手工操作；自动焊时，填充焊丝的送进和电弧的移动都由机械控制。

（3）焊接过程。

①手工钨极氩弧焊焊接过程。焊接时，在钨极与焊件之间产生电弧，焊丝从一侧送入，在电弧热作用下，焊丝端部与焊件熔化形成熔池，随着电弧前移，熔池金属冷却凝固后形成焊缝。氩气从焊枪的喷嘴中连续喷出，在电弧周围形成气体保护层隔绝空气，以防止空气对钨极、电弧、熔池及加热区的有害污染，从而获得优质焊缝。

②熔化极氩弧焊的焊接过程。它利用焊丝作电极，在焊丝端部与焊件之间产生电弧，焊丝连续地向焊接熔池送进。氩气从焊

枪喷嘴喷出以排除焊接区周围的空气，保护电弧和熔化金属免受大气污染，从而获得优质焊缝。熔化极氩弧焊的操作方式分自动和半自动两种。焊接时可以采用较大的焊接电流，通常适用于焊接中厚板焊件。焊接钢材时，熔化极氩弧焊一般采用直流反接，以保证电弧稳定。

3. 操作要点

操作要点，见表 5-22 和图 5-12。

表 5-22　氩弧焊操作要点

项　目	内　容
引弧	引弧前通过焊枪向焊点提前 1.5～4 s 输送保护气体，以驱赶管内和焊接区的空气。用水冷式焊枪时，送水和送气应同时进行。在试件右端定位焊缝上引弧 引弧可以采用短路引弧法（接触引弧法）或高频引弧法。短路引弧法即在钨极与焊件瞬间短路，立即稍稍提起，在焊件和钨极之间便产生了电弧。 高频引弧法是利用高频引弧器把普通工频交流电（220 V 或 380 V，50 Hz)转换成高频（1.50～260 kHz）、高压电（2 000～3 000 V），把氩气击穿电离，从而引燃电弧 引弧时采用较长的电弧（弧长为 4～7 mm），使坡口外预热 4～5 s
焊接	1. 引弧后预热引弧处，当定位焊缝左端形成熔池，并出现熔孔后开始送丝。焊丝、焊枪与焊件角度如图 5-11 所示。焊接打底层时，采用较小的焊枪倾角和较小的焊接电流。手工焊时喷嘴离工件的距离应尽可能减小，钨极中心线与工件一般保持 80°～85°，填充焊丝应位于钨极前方边熔化边送丝，要求均匀准确，不可扰乱氩气气流。手工焊接过程必须保持一稳定高度的电弧，焊枪均匀移动 2. 由于焊接速度和送丝速度过快，容易使焊缝下凹或烧穿，因此焊丝送入要均匀，焊枪移动要平稳、速度一致。焊接时，要密切注意焊接熔池的变化，保证背面焊缝成型良好。当熔池增大、焊缝变宽并出现下凹时，说明熔池温度过高，应减小焊枪与焊件夹角，加快焊接速度；当熔池减小时，说明熔池温度过低，应增加焊枪与焊件夹角，减慢焊接速度 3. 熔化极自动氩弧焊时，焊极端部与焊件之间的距离为 0.8～2 mm。对薄板对接焊缝应用引弧板和熄弧板，并用钢性夹固以防变形；对环焊缝，焊缝首尾应重叠 10～20 mm 4. 焊接时应注意焊缝表面的颜色，以判断氩气的保护效果，对于不锈钢以银白、金黄色最好，颜色变深、变灰黑都不好

项　目	内　容
焊接	5.进行填充层焊接时，焊枪可做圆弧"之"字形横向摆动，其幅度应稍大，并在坡口两侧停留，保证坡口两侧熔合好，焊道均匀。从试件右端开始焊接，注意熔池两侧熔合情况，保证焊缝表面平整且稍下凹。盖面层的焊道焊完后应比焊件表面低 1.0～1.5 mm，以免坡口边缘熔化导致盖面层产生咬边或焊偏现象，焊完后将焊道表面清理干净 6.盖面焊操作与填充层基本相同，但要加大焊枪的摆动幅度，保证熔池两侧超过坡口边缘 0.5～1 mm，并按焊缝余高决定填丝速度与焊接速度，尽可能保持速度均匀，熄弧时必须填满弧坑
接头	当更换焊丝或暂停焊接时，需要接头。这时松开焊枪上按钮开关（使用接触引弧焊枪时，立即将电弧移至坡口边缘上快速灭弧），停止送丝，利用焊机电流衰减熄弧。但焊枪仍需对准熔池进行保护，待其完全冷却后方能移开焊枪。若焊机无电流衰减功能，应在松开按钮开关后稍抬高焊枪，待电弧熄灭、熔池完全冷却后移开焊枪。进行接头前，应先检查接头熄弧处弧坑质量。如果无氧化物等缺陷，则可直接进行接头焊接。如果有缺陷，则必须将缺陷修磨掉，并将其前端打磨成斜面，然后在弧坑右侧15～20 mm 处引弧，缓慢向左移动，待弧坑处开始熔化形成熔池和熔孔后，继续填丝焊接
收弧	当焊至试件末端时，应减小焊枪与试件夹角，使热量集中在焊丝上，加大焊丝熔化量以填满弧坑。切断控制开关，焊接电流将逐渐减小，熔池也随着减小，将焊丝抽离电弧（但不离开氩气保护区）。停弧后，氩气延时约10 s 关闭，从而防止熔池金属在高温下氧化 焊后清理检查焊接结束后，关闭焊机，用钢丝刷清理焊缝表面；用肉眼或低倍放大镜，检查焊缝表面是否有气孔、裂纹、咬边等缺陷；用焊缝量尺测量焊缝外观成型尺寸

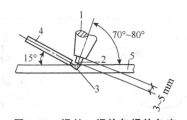

图 5-12　焊丝、焊枪与焊件角度

1—焊枪；2—电极；3—熔池；4—焊丝；5—焊件

》》 第五节 气焊和气割技术 《《

一、气焊操作技术

1. 焊接火焰

气焊火焰操作，见表 5-23 和图 5-13、图 5-14。

表 5-23 气焊火焰操作

项　目	内　容
中性焰	氧气和乙炔的混合比为 1.1～1.2 时燃烧所形成的火焰称为中性焰，如图 5-12 (a) 所示，由焰心、内焰和外焰三部分组成。焰心成尖锥状，色白明亮，轮廓清楚；内焰颜色发暗，轮廓不清楚，与外焰无明显界限；外焰由里向外逐渐由淡紫色变为橙黄色。中性焰在距离焰心前面 2～4 mm 处温度最高，为 3 050～3 150℃。中性焰的温度分布如图 5-13 所示。中性焰适用于焊接低碳钢、中碳钢、低合金钢、不锈钢、紫铜、铝及铝合金、镁合金等材料
碳化焰	氧气与乙炔的混合比小于 1.1 时燃烧所形成的火焰称为碳化焰，如图 5-12 (b) 所示。由于乙炔过剩，火焰中有游离碳和多量的氢，碳会渗到熔池中造成焊缝增碳现象。碳化焰比中性焰长，其结构也分为焰心、内焰和外焰三部分。焰心呈亮白色，内焰呈淡白色，外焰呈橙黄色。乙炔量多时火焰还会冒黑烟。碳化焰的最高温度为 2 700～3 000℃。碳化焰适用于焊接高碳钢、高速钢、铸铁、硬质合金、碳化钨等材料
氧化焰	氧气与乙炔的混合比大于 1.2 时燃烧所形成的火焰称为氧化焰，如图 5-12 (c) 所示，整个火焰比中性焰短，其结构分为焰心和外焰两部分。火焰中有过量的氧，具有氧化作用，使熔池中的合金元素烧损，一般气焊时不宜采用。只有在气焊黄铜、镀锌钢板时才采用轻微氧化焰，以利用其氧化性，在熔池表面形成一层氧化物薄膜，减少低沸点锌的蒸发。氧化焰的最高温度为 3 100～3 300℃

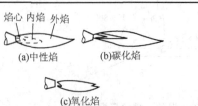

图 5-13　焊接火焰

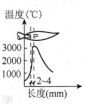

图 5-14　中性焰的温度分布

2. 气焊操作技术

气焊操作技术，见表 5-24 和图 5-15。

表 5-24　气焊操作技术

项　目	内　　容
焊接火焰的点燃与熄灭	1. 焊接火焰的点燃。首先打开乙炔调节阀，同时打开氧气调节阀，放出氧和乙炔的混合气，用火柴、打火枪或电火花等明火均可点燃焊接火焰。然后根据工件的厚度和材质，调解好火焰的性质和能率。注意点火时必须要有适量的氧气，单纯的乙炔点燃会冒黑烟 2. 焊接火焰的熄灭。首先关闭乙炔调节阀，然后再关闭氧气调节阀即熄灭焊接火焰。如果先关闭氧气调节阀，会冒烟或产生回火。注意调节阀关闭不要过紧，以不漏气即可，过紧会影响焊炬的使用寿命
左焊法和右焊法	1. 右焊法。焊接方向自左向右进行，称右焊法，也称倒退焊法。右焊法的焊接火焰直接指向熔池，并把整个熔池包围在内，使周围的空气与熔池隔离，从而起到保护焊缝金属的作用。由于焊接火焰始终指向已焊完的焊缝，会使焊缝冷却慢，起到后热和改善焊缝金相组织的作用。同时火焰热量较集中、熔深大，适用于焊接厚度较大、熔点高的工件。但右焊法操作难度大，不易掌握，成形不够美观等，一般很少应用 2. 左焊法。焊接方向自右向左进行，称左焊法（图5-14）。左焊法焊接火焰指向焊件未焊部分，对金属有预热作用，由于焊接火焰与工件有一定的倾斜角度，所以熔深较浅，对焊缝金属保护不好，易氧化，冷却速度较快且无后热效果，最适合于薄板的焊接，也适合于管道的焊接。而且左焊法操作简单，易掌握，应用较普遍
焊炬和焊丝的运走形式	1. 卷边接头的运走方式：卷边接头一般用于 2 mm 以下薄板。焊接时可不用或少用焊丝，焊炬的运走采用小锯齿形或小斜圆圈形 2. 不开坡口对接接头的运走形式：除卷边接头外，其他接头形式都必须加焊丝。开始焊接时，先对焊件进行预热，在形成熔池时，即将焊丝末端送入熔池内，使焊丝末端和母材同时熔化，达到必要的高度和宽度，再将焊丝从熔池中抽出。此时使焊炬迅速地转圈，形成焊波，同时将焊炬向前移动。焊丝的送入要根据所需焊缝的宽度采取直送和稍有横向摆动的方法，可点式送或短时间在熔池内停留一小会儿，注意焊丝抽出后不要离开气体保护区，以免发生氧化 3. 开坡口对接接头的运走形式：当厚度大于 3 mm 时应该开坡口焊接。对于较重要的焊件，开坡口对接焊最好是分两层焊完。第一层打底焊，焊炬和焊丝基本都作直线形或小圆圈、小锯齿形送进，以保证焊缝根部熔合良好，而且不产生过烧和背面透瘤等缺陷。第二层盖面焊时，焊炬和焊丝都要作适当的横向摆动，以保证焊缝得到需要的高度和宽度

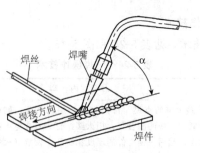

图 5-15　焊炬火焰（左焊法）

3. 不同位置对接接头的焊接

不同位置对接接头的焊接，见表 5-25。

表 5-25　不同位置对接接头的焊接

项　目	内　容
平焊	平焊操作简单，生产率高，焊接质量容易保证。焊接过程中，焊丝熔滴的重力、火焰的吹力和熔池的表面张力对焊缝的成形都很有利 平焊时，焰心末端距工件表面 2～6 mm，焊炬与工件的夹角根据工件厚度来确定，尽可能采用稍大一点角度。焊炬与焊丝的夹角可在 90°左右，在保证母材充分熔化的情况下送入焊丝，焊丝要送入到熔池内，与母材同时熔化。在焊接过程中，如果发现熔合不好，可暂缓送焊丝，焊丝停止向前移动，待温度足够高，母材充分熔化，熔池形成良好的情况下再重新送入焊丝。一旦发现熔池温度过高，可采用间断焊法，将火焰稍微抬高以降低熔池温度。待稍冷后，再重新进行焊接。注意在调整熔池温度时，焊接火焰不要完全脱离熔池，以免熔池金属被空气氧化而影响焊缝质量 焊接结束时，焊嘴应缓慢提起，焊丝填满熔池凹坑，使熔池逐渐缩小，最后结束
立焊	1. 火焰能率应比平焊小 2. 严格控制熔池温度，熔池不能过大 3. 焊炬与焊件倾角为 60°～75°，可以借助火焰气体的吹力来支撑熔池下淌 4. 焊炬一般不做横向摆动，仅做上下运动，以控制熔池温度。焊丝可稍作摆动，根据焊缝成形情况控制好送入量，焊丝在提起时，不要脱离气体保护区 5. 焊接过程中，如果熔池温度过高，液体金属即将下淌时，应立即把火焰向上提起，使熔池温度降低，待熔池刚开始冷凝时，将火焰迅速回到熔池，继续进行正常焊接。注意火焰提起不要过高，要保护好熔池不被氧化

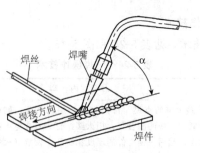

职业技能培训教材·建筑工程系列

电焊工

106

项　目	内　容
横焊	横焊时液体金属容易下淌，而使焊缝产生向下偏内，咬边，未焊透等缺陷。所以横焊时，熔池的金属不能过多，焊炬与工件的水平倾角与平焊相似，垂直倾角 65°～75°，可以利用火焰气体的吹力，托住熔池液体的下淌。横焊时也有左焊法和右焊法两种形式，一种是火焰完全对着已焊完金属，焊丝从上方加入，另一种是火焰对着未焊部分，焊丝从前方或前下方加入
仰焊	1. 应采用稍小的火焰能率 2. 严格控制熔池温度 3. 应采用较小的焊丝直径 4. 焊炬要保持一定角度，可作不间断的运动，焊丝可浸在熔池内做月牙形运动

4. 低碳钢管的焊接

低碳钢由于含碳量较低，具有优良的可焊性，因而应用广泛。气焊低碳钢时，不需要采取特殊的工艺措施，只要根据工件厚度选择好焊接规范，正确操作，就可以获得质量优良的焊缝。采用 H08 或 H08A 焊丝，较重要工件可选用 H15 或 H15MD 焊丝。为防止组织粗大，减小焊件内应力，可根据自然温度及客观情况，适当的预热和进行焊后退火或正火处理。

由于焊接技术的发展和各种材料的可焊性特点不同，很多合金钢、低合金钢、有色金属，如不锈钢、耐热钢、低温钢、铝镁合金等材料，已不允许采用气焊和单纯电焊的方法进行焊接。凡用于石油、化工行业的各类合金钢管的焊接，都要采取氩弧焊、氩弧焊加电焊、二氧化碳保护焊、埋弧焊及更先进的焊接方法。所以凡从事石油、化工行业的安装、检修焊工，必须学习和掌握氩弧焊等先进的焊接方法。

（1）低碳钢管气焊的基本操作方法。管道的接头方式基本都采用对接接头，根据管壁厚度可采用"V"形坡口或不开坡口两种形式。气焊不宜焊接厚度较大、直径较大的工件，按化工部规范规定只适合焊接 $\phi \leqslant 57$ mm×3.5 mm 的钢管。

坡口角度一般为 60°～70°，组对间隙 2～3 mm，点焊数量，转动口一般点 2 点，从第 3 点开始焊接，或点焊 3 点，从第 4 点开始焊接；固定口要根据管线组对受力情况而确定。管道焊接只能进行单面焊接，要保证单面焊双面成形，关键是底层。所以焊接层次一般都要采用两层焊完。打底焊要采用"打穿焊法"。所谓"打穿焊法"就是在整个焊接过程中，用火焰将焊件吹透，使熔池前面始终保持一个小孔，在焊缝冷凝时，背面也可形成和正面一样的焊波。"打穿焊法"操作要点如下。

①"打穿焊法"。可应用于左焊法和右焊法，焊丝直径可根据焊件厚度选择，一般 2.5 mm 较好。

②采用中性焰。当焊件熔化形成熔池并在前方形成小孔时，再将焊丝加入，在焊接中，要始终使小孔的直径比装配间隙略大些，并要保持孔径一致。火焰顶住熔池，随着小孔的前移和焊丝的熔化，熔池也不断地前移形成焊缝。

③焊嘴不要离熔池过高或过低。通常焰心末端离熔池表面 4～5 mm 较合适。过高会减弱火焰的打穿能力，不易形成小孔；过低则火焰温度低，而吹力大，会将熔池金属吹进小孔，反而焊不透，或产生夹渣、气孔等缺陷；也可能由于吹力增大，而使小孔扩大，形成烧穿和焊瘤。

④焊接速度要稍快。添加焊丝动作要迅速、准确。焊接速度慢了，会熔化很多液态金属将小孔阻塞，再慢时铁水下淌，会形成烧穿和焊瘤。焊丝送入慢时，来不及填充小孔，会使小孔直径扩大，或烧穿，过快时可能阻塞小孔，形成焊不透、熔合不良及气孔、夹渣等缺陷。所以掌握好焊接速度并准确、及时地添加焊丝是获得优良焊缝操作的关键，也是焊工技术熟练程度的集中表现。

⑤第二层焊时，焊炬可采用圆圈形或轻微地左右摆动，这样可以控制焊缝宽度和高度，也可以搅拌熔池，有利于气孔和杂质的浮出。

⑥收尾时，应使火焰缓慢离开熔池，填满熔坑，避免收尾中产生缺陷。

气焊焊接钢管内透出高度以 0.5 mm 左右为宜，焊缝宽度约为壁厚的两倍半，余高约为 1/4，如图 5-16 所示。

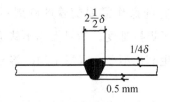

图 5-16 对接焊截面规格

（2）转动管焊接方法。管道预制时，管子可以自由转动，宜采用转动焊接，使焊接熔池时始终保持在最合适的位置上施焊。

为了利于焊缝金属的堆高和焊缝表面成形的美观，并且保证熔合良好，施焊时，管子的转动焊位置最好在上爬坡立焊位置。采用左焊法时，可以在管子中心水平线上 50°～70°位置上进行；采用右焊法时在管子中心垂直线 10°～30°范围内进行。

（3）水平固定管焊接方法。在管道安装、检修中，水平位置固定的焊接很多，要连续进行仰焊。立焊及平焊各位置的焊接。同时由于焊缝呈环形，在焊接过程中，需要随着焊缝空间位置的改变，不断地改变人的位置姿势和焊炬、焊丝的相对位置，所以焊接难度较大。

在焊接时，焊炬与焊丝间的夹角约在 90°，各自与工件的夹角一般为 45°左右。但在实际施焊中，必须根据工件厚度、熔池熔化程度和焊接位置的改变而随时调整。夹角要保持在不同位置时的熔池形状基本一致，使之既焊透，又不过烧和烧穿，防止焊缝咬群和形成焊瘤。

水平固定管的点焊要根据管子的受力情况而确定，焊接分两半进行。起焊在下部超过中心线 5 mm 左右进行，通过点焊时要自然熔合，不可用焊丝将熔洞填死，造成局部未熔透。收尾在超过上部中心线 5～10 mm 时结束。第二半圈的起焊和收尾都要和头半圈的起头、收尾搭接 8～10 mm，防止接头和收尾处产生缺陷。

（4）垂直固定管焊接方法。垂直固定管的对接焊口，实际上就是横焊缝。但它的操作需要随管的圆周不断地变化位置和角度，所以更增加了焊接难度。如果操作不熟练，熔池形状控制不好，会使焊缝产生高低不平、宽窄不均、熔合不良、咬边和焊瘤等缺陷。

焊接时焊炬的倾角与管子切线方向的夹角为 60°左右，焊丝与焊炬间的夹角为 30°左右，焊丝的角度，与管子轴线方向的夹角为 90°左右。焊炬与焊丝角度的配合要根据熔池形成情况随时调整。左右焊法均可以采用，底层焊也要采用"打穿焊法"。施焊过程中，焊炬不作横向摆动，而只在熔池和熔孔间作轻微的前后摆动。焊丝一般不要离开熔池，焊丝的送入不要超过焊缝中心以下，要在上半部运动。焊接速度要适当，太快时，焊缝易产生熔合不良，焊肉不够高度；太慢了，易使焊缝金属下垂严重。

（5）固定三通管的焊接。气焊焊接三通管和电焊一样，按空间位置也可分为平位、立位、横位及仰位四种形式，各位置焊接顺序与电焊相同。气焊焊接三通管的火焰能率要比对接焊口用的稍大，焊炬、焊丝与工件及相互间的角度配合与焊接相同位置的对接焊口相似。

二、手工气割操作原理

氧气切割（简称气割）是利用某些金属在纯氧中燃烧的原理来实现切割金属的方法，其过程如图 5-17 所示。

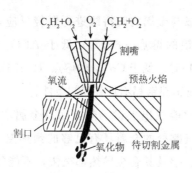

图 5-17　切割过程

气割开始时，用气体火焰将割件待割处附近的金属预热到燃点，然后打开切割氧阀门，纯氧射流使高温金属燃烧，生成的金属氧化物被燃烧热熔化，并被氧流吹掉。金属燃烧产生的热量和预热火焰同时又把邻近的金属预热到燃点，沿切割线以一定速度移动割炬，即可形成割口。

在整个气割过程中，割件金属没有熔化。所以，金属气割过程实质上是金属在纯氧中的燃烧过程，而不是熔化过程。氧气切割会引起钢材产生淬硬倾向，对 16Mn 材料更显著。淬硬深度 0.5～1 mm，会增加边缘加工的困难。

三、手工气割条件

金属的燃点必须低于其熔点才能保证金属在固体状态下燃烧，从而保证割口平整。若熔点低于其燃点，则金属首先熔化，液态金属流动性好，熔化边缘不整齐，难以获得平整的割口，而成为熔割状态。低碳钢的燃点约为 1 350℃，熔点高于 1 500℃，满足气割条件；碳钢随着含碳量增加，熔点降低，燃点升高。含碳量为 0.7％ 的碳钢，其燃点与熔点大致相同；含碳量大于 0.7％ 的碳钢，由于燃点高于熔点，难以气割。铸铁的燃点比熔点高，不能气割。

金属燃烧生成的氧化物（熔渣）的熔点应低于金属本身的熔点，且流动性好。若熔渣的熔点高，就会在切割表面形成固态氧化薄膜，阻碍氧与金属之间持续进行燃烧反应，导致气割过程不能正常进行。铝的熔点（660℃）低于 Al_2O_3 的熔点（2 048℃），铬的熔点（1 615℃）低于 Cr_2O_3 的熔点（2 275℃），所以铝及其铝合金、高铬钢或铬镍钢都不具备气割条件。

金属燃烧时能放出大量的热，而且金属本身的导热性要低。这样才能保证气割处的金属具有足够的预热温度，使气割过程能连续进行。铜、铝及其合金导热都很快，不能气割。

四、手工气割操作技术

1. 气割工艺参数及其影响

气割工艺参数主要包括割炬型号和切割氧压力、气割速度、预热火焰能率、割嘴与工件间的倾斜角、割嘴离工件表面的距离等。

（1）割炬型号和切割氧压力。被割件越厚，割炬型号、割嘴号码、氧气压力均应增大。氧气压力与割件厚度、割嘴型号、割嘴号码的关系详见表 5-26。

表 5-26　氧气压力与割件厚度、割炬型号、割嘴号码的关系

割炬型号	G01-30			G01-100			G01-300			
割嘴号码	1	2	3	1	2	3	1	2	3	4
割嘴孔径（mm）	0.6	0.8	1.0	1.0	1.3	1.6	1.8	2.2	2.6	3.0
切割厚度范围（mm）	2～10	10～20	20～30	10～25	25～30	30～100	100～150	150～200	200～250	250～300
割嘴号码	1	2	3	1	2	3	1	2	3	4
氧气压力（MPa）	0.2	0.25	0.30	0.2	0.35	0.5	0.5	0.65	0.8	1.0
乙炔压力（MPa）	0.001～0.1			0.001～0.1			0.001～0.1			
割嘴形式	环形			梅花形或环形			梅花形			
割炬总长（mm）	500			550			650			

当割件比较薄时，切割氧压力可适当降低，但切割氧的压力不能过低，也不能过高。若切割氧压力过高，则切割缝过宽，切割速度降低，不仅会浪费氧气，而且会使切口表面粗糙，并对切割件产生强烈的冷却作用。若氧气压力过低，会使气割过程中的氧化反应减慢，切割的氧化物熔渣吹不掉，在割缝背面形成难以清除的熔渣黏结物，甚至不能将工件割穿。

除上述切割氧的压力对气割质量的影响外，氧气的纯度对氧气消耗量、切口质量和气割速度也有很大影响。氧气纯度低，会使金属氧化过程变慢、切割速度降低，同时氧的消耗量增加。

氧气中的杂质（如氮等）在切割过程中会吸收热量，并在切口表面形成气体薄膜，阻碍金属燃烧，从而使气割速度下降和氧气消耗量增加，并使切口表面粗糙。因此，气割用的氧气纯度应尽可能提高，一般要求在99.5％以上。若氧气的纯度降至95％以下，气割将很难进行。

（2）气割速度。一般气割速度与工件的厚度和割嘴形式有关，工件愈厚，气割速度愈慢，相反，气割速度应较快。气割速度由操作者根据割缝的后拖量自行掌握。后拖量是指在气割过程中，在切剖面上的切割氧气流轨迹的始点与终点在水平方向上的距离，如图 5-18 所示。

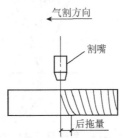

气割方向

割嘴

后拖量

图 5-18　后拖量

在气割时，后拖量总是不可避免的，尤其气割厚板时更为显著。合适的气割速度应以切口产生的后拖量尽量小为原则。速度过慢，切口边缘不齐、局部熔化、割后清渣困难；速度过快，则易使后拖大，割口不光洁或割不透。

（3）预热火焰能率。预热火焰的作用是将工件加热到金属在氧气中燃烧的温度，并始终保持这一温度，同时使金属表面的氧化皮剥离、熔化，便手切割氧与金属接触。

预热火焰应采用中性焰、轻微氧化焰，不能采用碳化焰。切割过程应随时调整预热火焰，防止火焰性质发生变化。预热火焰的能率大小与工件的厚度有关，工件愈厚，火焰能率应愈大。在气割厚板时，应增加火焰能率。在气割薄板时，应降低火焰能率。

（4）割嘴与工件间的倾角。割嘴倾角的大小主要根据工件的厚度来确定。割嘴倾角选择见表 5-27。割嘴与工件间的倾角如图 5-19 所示。

表 5-27　钢板厚度与割嘴倾角的关系

钢板厚度（mm）	割嘴倾角
<4	后倾 25°～45°
4～20	后倾 20°～30°
20～30	垂直于工件
>30	开始气割，前倾 20°～30°；割穿后，垂直于工件切割；快割完时，后倾 20°～30°

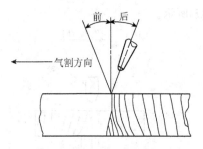

图 5-19　割嘴与工件间的倾角

（5）割嘴距工件表面的距离。火焰焰芯距离工件表面一般应为3～5 mm。这样既可以防止渗碳，加热条件也最好。一般而言，切割较薄的工件时，火焰可以长些，离开工件表面的距离可以大些；切割较厚的工件时，火焰应短些，离开工件表面的距离应小。

2. 气割前的准备

去除工件表面的油污、油漆、氧化皮等妨碍切割的杂质。将工件垫平、垫高，距离水泥地面的距离应大于 100 mm，设置防风挡板，防止被氧化物熔渣烫伤。

检查乙炔瓶、氧气瓶、回火防止器的工作状态是否正常，使用射吸式割炬前，应拔下乙炔橡皮管，检查割炬是否具有射吸力。没有射吸力的割炬严禁使用。

根据工件的厚度正确选择气割工艺参数、割炬和割嘴的号码。开始点火并调节好火焰性质（中性焰）及火焰长度。然后试开切割氧调节阀，观察切割氧气流（风线）的形状。切割氧气流应为笔直而清晰的圆柱体，并要有适当的长度。如果切割氧气流的形状不规则，应关闭所有阀门，用通针修整割嘴内表面，使之光滑。

3. 抱切法

当切割前的准备工作做好、气割工艺参数确定后，即可点火切割。手工气割操作姿势因个人习惯不同。对于初学者可按基本的"抱切法"练习。即双脚成八字蹲在工件割线的后面，右臂靠住右膝盖，左臂空悬在两膝之间，保证移动割炬方便。右手握住割炬手柄，并用右手拇指和食指靠住把手下面的预热氧调节阀，以便随时调节预热火焰。当发生回火时能及时切断通向混合室的氧气。左手拇指和食指握住并开关切割氧调节阀，左手其余三指平稳地托住割炬混合室，以便掌握方向。切割方向一般是由右向左。上身不要弯得太低，呼吸要平稳，两眼要注视着切口前面的割线和割嘴。

4. 手工气割操作技术

（1）起割。气割时，先稍微开启预热氧调节阀，再打开乙炔调节阀并立即点火。然后增大预热氧流量，氧气与乙炔混合后从割嘴喷气孔喷出，形成环形预热火焰，对工件进行预热。待起割处被预热至燃点时，立即开启切割氧调节阀，使金属在氧气流中燃烧，并且氧气流将切割处的熔渣吹掉，不断移动割炬，在工件上形成割缝。

开始切割工件时，先在工件边缘预热，待呈亮红色时（达到燃烧温度），慢慢开启切割氧气调节阀。若看到铁水被氧气流吹掉时，再加大切割氧气流，待听到工件下面发出"噗、噗"的声音时，则说明已被割透。这时应按工件的厚度，灵活掌握气割速度。

（2）切割过程。在切割过程中割炬运行始终要均匀，割嘴离工件距离要保持不变（3～5 mm）。手工气割时，可将割嘴沿气割方向后倾20°～30°，以提高气割速度。气割速度对气割质量有较大影响。气割速度是否正常，可以从熔渣的流动方向来判断。当熔渣的流动方向基本上和工件表面相垂直时，说明气割速度正常；若熔渣成一定角度流出，即产生较大的后拖量，说明气割速度过快，如图5-20所示。

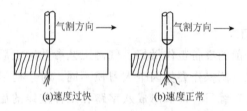

（a）速度过快　　　　　（b）速度正常

图5-20　熔渣流动方向与气割速度的关系

当气割缝较长时，应在切割300～500 mm后，移动操作位置。此时应先关闭切割氧调节阀，将割炬火焰离开工件后再移动身体位置。继续气割时，割嘴应对准割缝的切割处，并预热到燃点，再缓慢开启切割氧。

（3）切割过程结束。切割近结束时，割嘴应向气割方向的后方倾斜一定角度，使钢板的下部提前割开，并注意余料的下落位置。气割完毕应迅速关闭切割氧调节阀，并将割炬抬高，再关闭乙炔调节阀，最后关闭预热氧调节阀。较长时间停止工作，应将氧气瓶阀关闭，松开减压器调节螺钉，将氧气皮管中的氧气放出。

（4）回火、鸣爆的处理。回火和鸣爆产生的原因一般是割嘴过热和氧化物熔渣飞溅堵住割嘴所致。气割过程中发生鸣爆和回火时，应迅速关闭切割氧调节阀。若此时割炬内还在发出"嘘、嘘"声，说明割炬内的回火还没熄灭，这时应迅速将乙炔调节阀关闭，然后关闭预热氧调节阀。稍经几秒后，打开预热氧调节阀，将混合管内的碳粒和余焰吹尽。用剔刀剔除粘在割嘴上的熔渣，用通针通切割氧喷射孔及预热火焰的氧和乙炔的出气孔，并将割嘴放在水中冷却，然后重新点燃继续气割。

第六章

施工过程中焊接技术

》》 第一节　钢筋焊接技术 《《

一、钢筋手工电弧焊焊接技术

1. 手工钢筋电弧焊焊接类型

手工钢筋电弧焊常见的类型有帮条焊、搭接焊、熔槽帮条焊、坡口焊、窄间隙电弧焊、预埋件电弧焊等，其中帮条焊、搭接焊还可分为单面焊和双面焊 2 种。钢筋手工电弧焊焊接时，各种焊接类型的适用范围应符合表 6-1 的规定。

表 6-1　钢筋焊接类型与适用范围

焊接类型	接头形式	适用范围	
		钢筋型号	钢筋直径（mm）
帮条焊	双面焊	HPB300 HRB400 RRB400	10～20 10～40 10～25
	单面焊	HPB300 HRB400 RRB400	10～20 10～40 10～25
搭接焊	双面焊	HPB300 HRB400 RRB400	10～20 10～40 10～25
	单面焊	HPB300 HRB400 RRB400	10～20 10～40 10～25

焊接类型		接头形式	适用范围	
			钢筋型号	钢筋直径（mm）
熔槽帮条焊			HPB300	20
			HRB400	20～40
			RRB400	20～25
坡口焊	平焊		HPB300	18～20
			HRB400	18～40
			HRB400	18～40
			RRB400	18～25
	立焊		HPB300	18～20
			HRB400	8～40
			RRB400	18～25
钢筋与钢板搭接焊			HPB300	8～20
			HRB400	8～40
窄间隙焊			HPB300	16～20
			HRB400	16～40
			HRB400	16～40
预埋件电弧焊	角焊		HPB300	8～20
			HRB400	6～25
	穿孔塞焊		HPB300	20
			HRB400	20～25

在工程开工正式焊接之前，参与该项施焊的焊工应进行现场

条件下的焊接工艺试验，并经试验合格后，方可正式生产。试验结果应符合质量检验与验收时的要求。

带肋钢筋进行闪光对焊、电弧焊、电渣压力焊和气压焊时，宜将纵肋对纵肋拼装和焊接。

2. 钢筋电弧焊焊条选用

电弧焊所采用的焊条，应符合现行国家标准《碳钢焊条》（GB/T 5117—2012）或《低合金钢焊条》（GB/T 5118—2012）的规定，其型号应根据设计确定；若设计无规定时，可按表 6-2 选用。

表 6-2　钢筋电弧焊焊条选用

钢筋型号	电弧焊接头形式			
	帮条焊 搭接焊	坡口焊 熔槽帮条焊 预埋件 穿孔塞焊	窄间隙焊	钢筋与钢板搭接焊 预埋件 T 形角焊
HPB300	E4303	E4303	E4316　E4315	E4303
HRB400	E5003	E5503	E6016　E6015	E5003
RRB400	E5003	E5503	—	

3. 帮条焊、搭接焊

钢筋帮条焊、搭接焊应根据钢筋型号、直径、接头形式和焊接位置，选择焊条、焊接工艺和焊接参数。焊接时，引弧应在垫板、帮条或形成焊缝的部位进行，不得烧伤主筋；焊接地线与钢筋应接触紧密；焊接过程中应及时清渣，焊缝表面应光滑，焊缝余高应平缓过渡，弧坑应填满。

（1）钢筋帮条焊分为双面焊和单面焊，如图 6-1 所示。帮条长度应符合表 6-3 的规定。

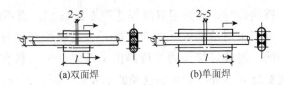

(a)双面焊   (b)单面焊

图 6-1 钢筋帮条焊接头（单位：mm）

d—钢筋直径；*l*—帮条长度

表 6-3 钢筋帮条长度

钢筋型号	焊缝形式	帮条长度 l
HPB300	单面焊	$\geqslant 8d$
	双面焊	$\geqslant 4d$
HRB400 RRB400	单面焊	$\geqslant 10d$
	双面焊	$\geqslant 5d$

注：*d* 为主筋直径（mm）。

当帮条型号与主筋相同时，帮条直径可与主筋相同或小一个规格。当帮条直径与主筋相同时，帮条型号可与主筋相同或低一个型号。

在环境温度低于－5℃条件下施焊，电弧焊时，宜增大焊接电流，减低焊接速度。电弧帮条焊或搭接焊时，第一层焊缝应从中间引弧，向两端施焊；以后各层控温施焊，层间温度控制在150～350℃。多层施焊时，可采用回火焊道施焊。当环境温度低于－20℃时，不宜进行焊接。在现场进行电弧焊，当风速超过7.9 m/s时，应采取挡风措施。

两主筋端面的间隙应为2～5 mm，帮条与主筋之间应用四点定位焊固定；定位焊缝与帮条端部的距离宜大于或等于20 mm；焊接时，应在帮条焊形成焊缝中引弧；在端头收弧前应填满弧坑，并应使主焊缝与定位焊缝的始端和终端熔合。焊缝厚度 *s* 不应小于主筋直径的0.3倍；焊缝宽度 *b* 不应小于主筋直径的0.8倍 [图 6-2（c）]。

（2）搭接焊时，宜采用双面焊［图6-2（a）］。当不能进行双面焊时，方可采用单面焊［图6-2（b）］。搭接长度可与表6-3帮条长度相同。搭接焊接头的焊缝厚度 s 不应小于主筋直径的 0.3 倍；焊缝宽度 b 不应小于主筋直径的 0.8 倍［图6-2（c）］。

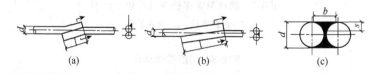

图6-2　钢筋搭接焊接

搭接焊钢筋的装配和焊接应符合下列要求：焊接端钢筋应预弯，并应使两钢筋的轴线在同一直线上；搭接焊时，应用2点固定；定位焊缝与搭接端部的距离宜大于或等于 20 mm；焊接时，应在搭接焊形成焊缝中引弧；在端头收弧前应填满弧坑，并应使主焊缝与定位焊缝的始端和终端熔合。

4. 熔槽帮条焊

熔槽帮条焊适用于直径 20 mm 及以上钢筋的现场安装焊接。焊接时应加角钢作垫板模。接头形式（图6-3）、角钢尺寸和焊接工艺应符合下列要求：角钢宜为 L 40～L 60 等边角钢；钢筋端头应加工平整；从接缝处垫板引弧后应连续施焊，并应使钢筋端部熔合，防止未焊透、气孔或夹渣；焊接过程中应至少停焊清渣 1 次，不可一次堆平焊道；焊平后，再进行焊缝余高的焊接，其高度不得大于 3 mm；钢筋与角钢垫板之间，应加焊侧面焊缝 1～3 层，焊缝应饱满，表面应平整。

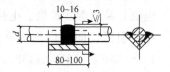

图6-3　钢筋熔槽帮条焊接头（单位：mm）

5. 坡口焊

坡口焊的准备工作和焊接工艺应符合下列要求：坡口面应平顺，切口边缘不得有裂纹、钝边和缺棱；坡口角度可按图6-4中数据选用；钢垫板厚度宜为 4～6 mm，长度宜为40～60 mm；平焊时，垫板宽度应为钢筋直径加 10 mm；立焊时，垫板宽度宜等于钢筋直径；焊缝的宽度应大于"V"形坡口的边缘 2～3 mm，焊缝余高不得大于 3 mm，并平缓过渡至钢筋表面；焊缝根部、坡口端面以及钢筋与钢板之间应融合，焊接过程中应经常清渣，宜采用几个接头轮流进行焊接。钢筋与钢垫板之间，应加焊 2～3 层侧面焊缝；当发现接头中有弧坑、气孔及咬边等缺陷时，应立即补焊。

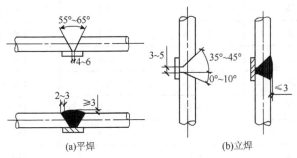

(a)平焊　　　　　　　　　(b)立焊

图 6-4　坡口焊（单位：mm）

6. 窄间隙电弧焊

窄间隙焊适用于直径 16 mm 及以上钢筋的现场水平连接。焊接时，钢筋端部应置于铜模中，并应留出一定间隙，用焊条连续焊接，熔化钢筋端面和使熔敷金属填充间隙，形成接头，如图 6-5 所示。

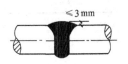

图 6-5　钢筋窄间隙焊接头

焊接工艺应符合下列要求：钢筋端面应平整；应选用低氢型碱性焊条，其型号选择应符合设计或技术交底的规定；端面间隙和焊接参数可按表 6-4 选用；从焊缝根部引弧后应连续进行焊接，左右来回运弧，在钢筋端面处电弧应少许停留，并使熔合；当焊至端面间隙的 4/5 高度后，焊缝逐渐扩宽；当熔池过大时，应改连续焊为断续焊，避免过热；焊缝余高不得大于 3 mm，且应平缓过渡至钢筋表面。

7. 预埋件钢筋电弧焊"T"形接头

预埋件钢筋电弧焊"T"形接头可分为角焊和穿孔塞焊两种（图 6-6）。装配和焊接时，当采用 HPB300 钢筋时，角焊缝焊脚

（k）不得小于钢筋直径的 0.5 倍；采用 HRB400 钢筋时，焊脚（k）不得小于钢筋直径的 0.6 倍；焊接过程中，不得使钢筋咬边和烧伤。

表 6-4　窄间隙焊端间隙和焊接参数

钢筋直径（mm）	端面间隙（mm）	焊条直径（mm）	焊接电流（A）
16	9～11	3.2	100～110
18	9～11	3.2	100～110
20	10～12	3.2	100～110
22	10～12	3.2	100～110
25	12～14	4.0	150～160
28	12～14	4.0	150～160
32	14～14	4.0	150～160
36	13～15	5.0	220～230
40	13～15	5.0	220～230

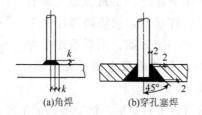

(a)角焊　　　(b)穿孔塞焊

图 6-6　预埋件钢筋电弧焊"T"形接头（单位：mm）

k—焊脚

采用穿孔塞焊时，钢板的孔洞应加工成喇叭口，其内口直径应比钢筋直径大 4 mm，倾斜角度为 45°，钢筋缩进 2 mm。

二、钢筋气压焊焊接技术

1. 钢筋气压焊工作原理

钢筋气压焊的设备包括氧气瓶、乙炔瓶（液化石油气瓶）、加热器、加压器和钢筋卡具，如图 6-7 所示。钢筋气压焊接机系列有 GQH-Ⅱ 与 GQH-Ⅲ 型等。

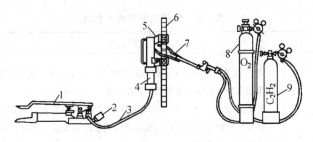

图 6-7　钢筋气压焊工件原理

1—脚踏液压泵；2—压力表；3—液压胶管；4—活动油缸；5—钢筋卡具；

6—被焊接钢筋；7—多火口烤枪；8—氧气瓶；9—乙炔瓶

钢筋气压焊工作原理，见表 6-5。

表 6-5　钢筋气压焊工作原理

项　目	内　容
加热器	由混合气管和多火口烤枪组成。为使钢筋接头能均匀受热，烤枪应设计成环状钳形。烤枪的火口数：对直径 16～22 mm 的钢筋为 6～8 个，对直径 25～28 mm 的钢筋为 8～10 个，对直径 32～36 mm 的钢筋为 10～12个，对直径 40 mm 的钢筋为 12～14 个
加压器	由液压泵、压力表、液压胶管和活动油缸组成。液压泵有手动式、脚踏式和电动式。在钢筋气压焊接作业中，加压器作为压力源，通过钢筋卡具对钢筋施加 30 MPa 以上的压力
钢筋卡具	由可动卡子与固定卡子组成，用于卡紧、调整和压接钢筋用。钢筋卡具应能夹紧钢筋，当钢筋承受最大轴向压力时，钢筋与夹头之间不得产生相对滑移；应便于钢筋的安装定位，并在施焊过程中保持刚度；动夹头应与定夹头同心，并且当不同直径钢筋焊接时，亦应保持同心；动夹头的位移应大于或等于现场最大直径钢筋焊接时所需要的压缩长度

2. 钢筋气压焊操作技术

钢筋气压焊操作技术，见表 6-6。

表 6-6　钢筋气压焊操作技术

项　目	内　容
固态气压焊接工艺要求	1. 焊前钢筋端面应切平、打磨，使其露出金属光泽，钢筋安装夹牢，预压顶紧后，两钢筋端面局部间隙不得大于 3 mm 2. 焊接的开始阶段，采用碳化焰，对准两根钢筋缝接处集中加热。此时须使内焰包围着钢筋缝隙，以防钢筋端面氧化。同时，须增大对钢筋的轴向压力至 30～40 MPa 3. 当两根钢筋端面的缝隙完全闭合后，须将火焰调整为中性焰（$O_2/C_2H_2 = 1～1.1$）以加快加热速度。此时操作焊炬，使火焰在以压焊面为中心两侧各 1 倍钢筋直径范围内均匀往复加热。钢筋端面的合适加热温度为 1 150～1 250℃ 4. 在加热过程中，火焰因各种原因发生变化时，要注意及时调整，使之始终保持中性焰。同时如果在压接面缝隙完全密合之前发生焊炬回火中断现象，应停止施焊，拆除夹具，将两钢筋端面重新打磨、安装，然后再次点燃火焰进行焊接。如果焊炬回火中断发生在接缝完全密合之后，则可再次点燃火焰继续加热、加压完成焊接作业 5. 当钢筋加热到所需的温度时，操作加压器使夹具对钢筋再次施加至 30～40 MPa 的轴向压力，使钢筋接头墩粗区形成合适的形状，然后可停止加热
熔态气压焊接工艺要求	1. 安装前，两钢筋端面之间应预留 3～5 mm 间隙；气压焊开始时，首先使用中性焰加热，待钢筋端头至熔化状态，附着物随熔滴流走，端部呈凸状时，即加压，挤出熔化金属，并密合牢固；使用氧液化石油气火焰进行熔态气压焊时，应适当增大氧气用量 2. 当钢筋接头处温度降低，即接头处红色大致消失后，可卸除压力，然后拆下夹具 3. 在加热过程中，当在钢筋端面缝隙完全密合之前发生灭火中断现象时，应将钢筋取下重新打磨、安装，然后点燃火焰进行焊接。当发生在钢筋端面缝隙完全密合之后，可继续加热加压 4. 在焊接生产中，焊工应自检，当发现焊接缺陷时，应查找原因和采取措施，及时消除

三、钢筋电渣压力焊焊接技术

1. 工作原理

电渣压力焊的焊接过程包括四个阶段：引弧过程、电弧过程、电渣过程和顶压过程。

（1）焊接开始时，首先在上、下两钢筋端面之间引燃电弧，使电弧周围焊剂熔化形成空穴。

（2）随之焊接电弧在两钢筋之间燃烧，电弧热将两钢筋端部熔化，熔化的金属形成熔池，熔融的焊剂形成熔渣（渣池），覆盖于熔池之上。此时，随着电弧的燃烧，上、下两钢筋端部逐渐熔化，将上钢筋不断下送，以保持电弧的稳定，继续电弧过程。

（3）随电弧过程的延续，两钢筋端部熔化量增加。熔池和渣池加深，待达到一定深度时，加快上钢筋的下送速度，使其端部直接与渣池接触。这时，电弧熄灭而变电弧过程为电渣过程。

（4）待电渣过程产生的电阻热使上、下两钢筋的端部达到全截面均匀加热的时候，迅速将上钢筋向下顶压，挤出全部熔渣和液态金属，随即切断焊接电源，完成了焊接工作。

2. 焊剂

电渣压力焊接施工中最常用的焊剂型号为"HJ431"，它是高锰、高硅、低氟类型的，可交、直流两用，适合于焊接重要的低碳钢钢筋及普通低合金钢钢筋。

焊剂应存放在干燥的库房内。焊剂使用前，须经恒温 250℃ 烘焙 1～2 h；焊剂回收重复使用时，应除去熔渣和杂物，并应与新焊剂混合均匀后使用。如果焊剂受潮，尚须再烘焙。

3. 电渣压力焊焊接参数

电渣压力焊焊接参数应包括焊接电流。采用 HJ431 焊剂时，焊接电压和通电时间，宜符合表 6-7 的规定。采用专用焊剂或自动电渣压力焊机时，应根据焊剂或焊机使用说明书中推荐数据，通过试验确定。不同直径钢筋焊接时，上下两钢筋轴线应在同一直线上。

表 6-7　电渣压力焊焊接参数

钢筋直径（mm）	焊接电流（A）	焊接电压（V）	焊接通电时间（s）	
电弧过程 U_{1-2}	电渣过程 U_{2-2}	电弧过程 t_1	电渣过程 t_2	
14	200～220		12	3
16	200～250		14	4
18	250～300		15	5
20	300～350	35～45　18～22	17	5
22	350～400		18	6
25	400～450		21	6
28	500～550		24	6
32	600～650		27	7

4. 电渣压力焊操作技术要点

（1）操作前应将钢筋待焊端部约 150 mm 范围内的铁锈、杂物以及油污清除干净；要根据竖向钢筋接头的高度搭设必要的操作架子，确保工人扶直钢筋时操作方便，并防止钢筋在夹紧后晃动。钢筋卡具的上、下钳口应夹紧于上、下钢筋的适当位置，钢筋一经夹紧不得晃动。

（2）焊前应检查电路，观察网路电压波动情况，如电源的电压降大于 5%，则不宜施焊。

（3）引弧可以采用铁丝圈或焊条引弧法，就是在两钢筋的间隙中预先安放 1 个引弧铁丝圈（高约 10 mm）或 1 根焊条芯（直径为 3.2 mm，高约 10 mm），由于铁丝（焊条芯）细，电流密度大，便立即熔化、蒸发，原子电离而引弧；亦可采用直接引弧法，就是将上钢筋与下钢筋接触，接通焊接电源后，即将上钢筋提升 2～4 mm，引燃电弧。同时计算造渣通电时间。

（4）电弧过程。工作电压控制在 40～50 V，通电时间约占整个焊接过程所需通电时间的 3/4。

（5）电渣过程。随着造渣过程结束，即在转入"电渣过程"的同时计算电渣通电时间，并降低上钢筋，把上钢筋的端部插入渣池中，徐徐下送上钢筋，直至"电渣过程"结束。"电渣过程"

工作电压控制在 20～25 V，电渣通电时间约占整个焊接过程所需时间的 1/4。顶压钢筋，完成焊接："电渣过程"延时完成，电渣过程结束，即切断电源，同时迅速顶压钢筋，形成焊接接头。

（6）接头焊毕，应稍作停歇，先拆机头，待焊接接头保温一段时间后再拆焊剂盒；敲去渣壳后，四周焊包凸出钢筋表面的高度不得小于 4 mm。在焊接生产中焊工应进行自检，当发现偏心、弯折、烧伤等焊接缺陷时，应查找原因和采取措施，及时消除。

四、钢筋闪光焊焊接技术

1. 工作原理

钢筋对焊原理是将两钢筋成对接形式水平安置在对焊机夹钳中，使两钢筋接触，通以低电压的强电流，把电能转化为热能（电阻热），当钢筋加热到一定程度后，即施加轴向压力挤压（称为顶锻），便形成对焊接头。

2. 钢筋闪光对焊过程

（1）先将钢筋夹入对焊机的两电极中（钢筋与电极接触处应清除锈污，电极内应通入循环冷却水），闭合电源，然后使钢筋两端面轻微接触。这时即有电流通过，由于接触轻微，钢筋端面不平，接触面很小，故电流密度和接触电阻很大，因此接触点很快熔化，形成"金属过梁"。

（2）过梁进一步加热，产生金属蒸气飞溅（火花般的熔化金属微粒自钢筋两端面的间隙中喷出，此称为烧化），形成闪光现象，故称闪光对焊。

（3）通过烧化使钢筋端部温度升高到要求温度后，便快速将钢筋挤压（称顶锻），然后断电，即形成对焊接头。

3. 焊接设备

钢筋对焊机由机架、导向机构、动夹具、固定夹具、送进机构、夹紧机构、支座（顶座）、变压器、控制系统等几部分组成，如图6-8所示。

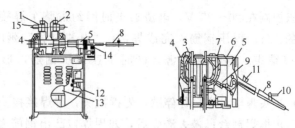

图 6-8 UN1 系列对焊机

1—固定夹具；2—移动夹具；3—冷却水胶管；4、5—固定横梁；6—横梁滑座；

7—活动横梁；8—操作杆；9—调节螺丝顶杆；10—接触器操纵手柄；

11—压紧机构；12—接触器；13—变压器；14—扇形板；15—压紧手柄

（1）对焊机的全部基本部件紧固在机架上，机架具有足够刚性，并且用强度很高的材料（铸铁、铸钢，或用型钢焊成）制作，故在顶锻时不会导致被焊钢筋产生弯曲；导轨是供动板移动时导向用的，有圆柱形、长方体形或平面形等多种形式。

（2）送进机构的作用是使被焊钢筋同动夹具一起移动，并保证有必要的顶锻力；它使动板按所要求的移动曲线前进，并且在预热时能往返移动，在工作时没有振动和冲动。按送进机构的动力类型，有手动杠杆式、电动凸轮式、气动式以及气液压复合式等几种。

（3）夹紧机构由两个夹具构成，一个是不动的，称为固定夹具，另一个是可移动的，称为动夹具。固定夹具直接安装在机架上，与焊接变压器次级线圈的一端相接（电气上与机架是绝缘的）的；动夹具安装在动板上，可随动板左右移动，在电气上与焊接变压器次级线圈的另一端相联接。常见的夹具形式有手动偏心轮夹紧、手动螺旋夹紧等，也可分为气压式、液压式及气液压复合式等几种。

常用对焊机的技术数据见表 6-8。表中计量单位 L 是容积"升"。表中 UN2-150 型对焊机的动夹具传动方式是电动凸轮式，UN17-150-1 型的动夹具传动方式是气液压复合式，其余 3 种型号的动夹具传动方式是手动杠杆挤压弹簧。表中可焊钢筋最大直径的取值根据钢筋强度级别按相应栏中数的范围选用。

表 6-8 常用对焊机的技术数据

项目		单位	型号				
			UN1-50	UN1-75	UN1-100	UN2-150	UN17-150-1
额定容量		kV·A	50	75	100	150	150
负载持续率		%	25	20	20	20	50
初级电压		V	220/380	220/380	380	380	380
次级电压调节范围		V	2.9~5.0	3.52~7.04	4.5~7.6	4.05~8.10	3.8~7.6
次级电压调节级数		级	6	8	8	16	16
夹具夹紧力		kN	20	20	40	100	160
最大顶锻力		kN	30	30	40	65	80
夹具间最大距离		mm	80	80	80	100	90
动夹具间最大行程		mm	30	30	50	27	30
连续闪光焊时钢筋最大直径		mm	10~12	12~16	16~20	20~25	20~25
预热闪光焊时钢筋最大直径		mm	20~22	32~36	40	40	40
最多焊接件数		件/h	50	75	20~30	80	120
冷却水消耗量		L/h	200	200	200	200	600
外形尺寸	长	mm	1 520	1 520	1 800	2 140	2 300
	宽	mm	550	550	550	1 360	1 100
	高	mm	1 080	1 080	1 150	1 380	1 820
重量		kg	360	445	465	2 500	1 900

4. 工艺参数

(1) 闪光对焊时,应选择合适的调伸长度、烧化留量、顶锻留量以及变压器级数等焊接参数。连续闪光焊时的留量应包括烧化留量,有电顶锻留量和无电顶锻留量;闪光—预热—闪光焊时的留量包括第一次烧化留量、预热留量、第二次烧化留量。有电顶锻留量和无电顶锻留量,如图 6-9 所示。

调伸长度:指钢筋焊接前两个钢筋端部从电极钳口伸出的

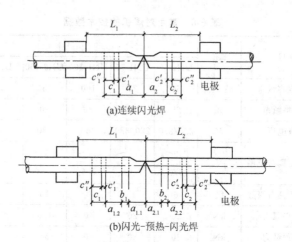

图 6-9 有电顶锻留量和无电顶锻留量

L_1、L_2—调伸长度；a_1+a_2—烧化留量；

c_1+c_2—顶锻留量；$c'_1+c'_2$—有电顶锻留量；

$c''_1+c''_2$—无电顶锻留量；

$a_{1.1}+a_{2.1}$—第一次烧化留量；

$a_{1.2}+a_{2.2}$—第二次烧化留量；

b_1+b_2—预热留量

长度。

烧化留量：指钢筋在闪光过程中，由于"闪"出金属所消耗的钢筋长度。

预锻留量：指在闪光过程结束时，将钢筋顶锻压紧后接头处挤出金属而导致消耗的钢筋长度。

预热留量：预热过程所需耗用的钢筋长度。

（2）闪光对焊工艺参数选择。

①调伸长度的选择。应随着钢筋级别的提高和钢筋直径的加大而增长。当焊接 HPB335 级、HRB400 级钢筋时，调伸长度宜在 40～60 mm 范围内选用（若长度过小，向电极散热增加，加热区变窄，不利于塑性变形，顶锻时所需压力较大；当长度过大时，加热区变宽，若钢筋较细，容易发生弯曲）。

②烧化留量的选择。应根据焊接工艺方法确定。采用连续闪光焊接时，烧化过程应较长（以获得必要的加热）。烧化留量应

等于两根钢筋在断料时切断机刀口严重压伤部分（包括端面的不平整度），再加 8 mm。

采用闪光—预热—闪光焊时，应区分第一次烧化留量和第二次烧化留量。第一次烧化留量等于两根钢筋在断料时切断机刀口严重压伤部分，第二次烧化留量不应小于 10 mm。

采用预热闪光焊时，烧化留量不应小于 10 mm。

③需要预热时，宜采用电阻预热法。预热留量应为 1～2 mm，预热次数应为 1～4 次；每次预热时间应为 1.5～2 s，间歇时间应为 3～4 s。

顶锻留量应为 4～10 mm，并应随钢筋直径的增大和钢筋级别的提高而增加（在顶锻留量中，有电顶锻留量约占 1/3）。

焊接 HRB400 级钢筋时，顶锻留量宜增大 30%。

④变压器级数。应根据钢筋级别、直径、焊机容量以及焊接工艺方法等具体情况选择。

对余热处理钢筋（也属于Ⅲ级钢筋，即 HRB400）进行闪光对焊时，与热轧钢筋比较，应减小调伸长度，提高焊接变压器级数，缩短加热时间，快速顶锻，以形成快热快冷条件，使热影响区长度控制在钢筋直径的 0.6 倍范围之内。

5. 操作要点

闪光对焊适用于钢筋的对接焊接，其焊接工艺按下列规定选择。

（1）当钢筋直径较小，钢筋型号较低，在表 6-9 的规定范围内，可采用"连续闪光焊"。将钢筋夹紧在对焊机的钳口上，接通电源后，使两钢筋端面局部接触，此时钢筋端面的接触点在高电流密度作用下迅速熔化、蒸发、爆破，呈高温粒状金属从焊口内高速飞溅出来；当旧的接触点爆破后，又形成新的接触点，这就出现连续不断爆破过程，钢筋金属连续不断送进（以一定送进速度适应其焊接过程的烧化速度）。钢筋经过一定时间的烧化，使其焊口达到所需要的温度，并使热量扩散到焊口两边，形成一定宽度的温度区，这时，以相当压力予以顶锻，将液态金属排挤在焊口之外，使钢筋焊合，并在焊口周围形成大量毛刺。由于热

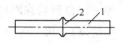

影响区较窄，故在接合面周围形成较小的凸起，焊接过程结束，两钢筋对接焊成的外形如图 6-10 所示。

图 6-10　闪光对焊接头
1—钢筋；2—接头

（2）连续闪光焊所能焊接的钢筋直径上限应根据焊机容量、钢筋型号等情况而定，并应符合表 6-9 规定。

表 6-9　连续闪光焊的钢筋直径上限

焊机容量（kV·A）	钢筋型号	钢筋直径（mm）
160 （150）	HPB300	20
	HRB400	20
	RRB400	20
100	HPB300	20
	HRB400	16
	RRB400	16
80 （75）	HPB300	16
	HRB400	12
	RRB400	12
40	HPB300	10
	HRB400	
	RRB400	

当钢筋直径上限超过表 6-9 中规定，且钢筋端面较平整，宜采用"预热闪光焊"。在进行连续闪光焊之前，对钢筋增加预热过程。将钢筋夹紧在对焊机的钳口上，接通电源后，开始以较小的压力使钢筋端面接触，然后又离开，这样不断地离开又接触，每接触 1 次，由于接触电阻及钢筋内部电阻使焊接区加热，拉开时产生瞬时的闪光。经上述反复多次，接头温度逐渐

升高，实现了预热过程。预热后接着进行闪光与顶锻，这两个过程与连续闪光焊一样。

（3）采用 UN2-150 型或 UN17-150-1 型对焊机进行大直径钢筋焊接时，宜首先采取锯割或气割方式对钢筋端面进行平整处理；然后采用预热闪光焊工艺，要求闪光过程应强烈、稳定，顶锻凸块应垫高，应准确调整并严格控制各过程的起点和止点。

（4）当钢筋直径上限超过表 6-9 中规定，且钢筋端面不平整，应采用"闪光—预热—闪光焊"。闪光—预热—闪光焊是在预热闪光之前再增加闪光过程，使不平整的钢筋端面"闪"成较平整的。

（5）操作参数根据钢筋级别和钢筋直径以及焊机的性能各异。一般情况下，闪光速度应随钢筋直径增大而降低，并在整个闪光过程中要由慢到快，顶锻速度应越快越好，顶锻压力应随钢筋直径增大而增加，变压器级数要随钢筋直径增大而增高，但焊接时如火花过大并有强烈声响，应降低变压器级数。

（6）要求被焊钢筋平直，经过除锈，安装钢筋于焊机上要放正、夹牢；夹紧钢筋时，应使两钢筋端面的凸出部分相接触，以利于均匀加热和保证焊缝（接头处）与钢筋轴线相垂直；烧化过程应该稳定、强烈，防止焊缝金属氧化；顶锻应在足够大的压力下完成，以保证焊口闭合良好和使接头处产生足够的镦粗变形。

（7）RRB400 钢筋闪光对焊时，与热轧钢筋比较，应减小调伸长度，提高焊接变压器级数，缩短加热时间，快速顶锻，形成快热快冷条件，使热影响区长度控制在钢筋直径的 0.6 倍范围之内。

（8）HRB335 钢筋焊接时，应采用预热闪光焊或闪光—预热—闪光焊工艺。当接头拉伸试验结果发生脆性断裂，或弯曲试验不能达到规定要求时，尚应在焊机上进行焊后热处理。热处理工艺方法如下：

待接头冷却至常温，将电极钳口调至最大间距，重新夹紧。应采用最低的变压器级数，进行脉冲式通电加热，每次脉冲循环包括通电时间和间歇时间宜为 3s。焊后热处理温度应在 750～

850℃（橘红色）范围内选择，随后在环境温度下自然冷却。

（9）当螺丝端杆与预应力钢筋对焊时，宜事先对螺丝端杆进行预热，并减小调伸长度；钢筋一侧的电极应垫高，确保两者轴线一致。

（10）封闭环式箍筋采用闪光对焊时，钢筋断料宜采用无齿锯切割，断面应平整。当箍筋直径为 12 mm 及以上时，宜采用 UN1-75 型对焊机和连续闪光焊工艺；当箍筋直径为 6～10 mm，可使用 UN1-40 型对焊机，并应选择较大变压器级数。

（11）在闪光对焊生产中，当出现异常现象或焊接缺陷时，应查找原因，采取措施，及时消除。

≫ 第二节　钢结构焊接技术 ≪

一、梁结构组焊接技术

梁的拼接位置应设在弯矩较小处，一般设在 1/4～1/3 梁跨处为宜。

型钢梁的拼接，一般为对接焊缝连接的接头，当焊缝为三级质量检验标准、受拉翼缘强度不满足受力要求时，宜采用斜对接焊缝。如果安装时可能把上下翼弄颠倒时，则上下翼缘均宜采用斜对接焊缝。

当施工条件差，焊接质量不易保证，或型钢截面较大时，可采用加盖板连接的方法，如图 6-11 所示。

焊接组合梁采用对接焊缝的拼接。为了保证焊缝的质量，焊缝应加引弧板，焊后应将对接焊缝表面加工齐平，腹板的焊缝距加强筋的距离应大于 10δ，δ 为腹板的厚度。由于采用Ⅲ级质量检验标准的受拉翼缘直焊缝不能满足强度要求时，应采用斜对接焊缝，斜缝倾斜角为 60°。

组合梁的拼接也可采用翼缘、腹板全用盖板连接的方法，梁接头内力全部通过盖板焊缝和盖板传力，此法对板件加工要求精度较低，但有应力集中的现象，不宜用在受动态载荷的梁中 [图 6-12 （a）]。

对于采用对接焊缝拼接的梁，在拼接处上下翼缘的拼接边缘均宜做成向上的坡口，以便俯焊；翼缘与腹板连接处留500 mm左右在工厂不焊，待到现场先将腹板及翼缘板的对接焊缝焊成后再焊 [图6-12 (b)]，以减小焊接应力。

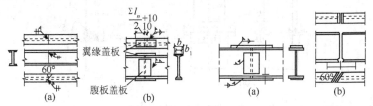

图 6-11　型钢梁的拼接　　　　图 6-12　焊接组合梁拼接

二、柱结构组焊接技术

柱子的拼接接头应能承受拼接处的全部内力并具有足够的刚度。为便于制造，一般把柱接头设在离开平台或地面500～1 000 mm处，高层框架中。为避开风载作用下产生的较大弯矩，柱的拼接接头宜设在柱的中间部位。

柱拼接接头有焊接接头与承压接头两种基本类型，如图6-13所示。

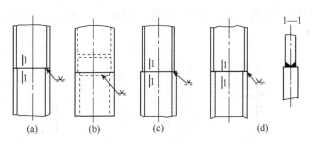

图 6-13　箱形截面柱的焊缝拼接

焊接接头的构造形式如图6-13所示。图6-13 (a) 表示"H"形柱的拼接，上柱翼缘开"V"形坡口与下柱翼缘焊接，上柱腹板以"K"形坡口焊缝与下柱腹板相焊；也可采用上、下柱翼缘坡口全焊透焊缝连接，腹板采用高强螺栓连接。焊接时应在翼缘加引弧板 [图6-14 (a)]。

为保证焊透，箱形柱的坡口形式见图6-14 (b)，下部箱形柱

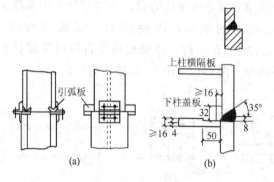

图 6-14　柱的焊接拼接（单位：mm）

的上端应设置盖板，并与柱口齐平。厚度一般不小于 16 mm，其边缘与柱口截面一起刨平，以便与上柱的焊接垫板有良好的接触面。在箱形柱安装单元的下部附近，尚应设置上柱横隔板，以防止运输、堆放和焊接时截面变形，其厚度通常不小于 10 mm。

当柱截面板件厚度较大时，宜采用上、下柱端面铣平顶紧的承压拼接。图 6-15 表示承压接头的构造，在上柱翼缘处附加有小焊缝或在上下柱翼缘上采用少量的附加螺栓，这是为了抵抗柱在特殊载荷组合下可能产生的拉力作用。图 6-15（c）用于上、下柱截面尺寸相差较大情况，图 6-15（d）用于特别大的柱子拼接。

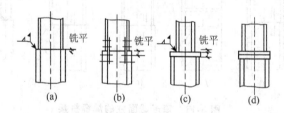

图 6-15　柱的承压拼接

承压拼接中，必须保证全截面接触，特别是必须保证承压面与柱轴线的垂直。当无端板时，接触面必须在锯切后用刨床修整；端板则应采用压力平整，厚度大于 100 mm 的端板必须用刨床加工。

为保证柱接头的安装质量和施工安全，柱的工地拼接必须设置安装耳板（钢板或角钢槽钢等）临时固定。耳板的厚度或规格的确定应考虑阵风和其他施工载荷的影响，并不得小于 10 mm。耳板宜设置于柱翼缘两侧，以便发挥较大作用。

三、桁架结构焊接技术

1. 型钢桁架节点

桁架杆件采用角钢、"T"形钢、工字钢、"H"形钢的桁架，节点设计应满足以下要求。

（1）杆件截面的重心应与桁架的轴线重合，在节点处各杆应汇交于一点。为便于制作，对角钢和"T"形钢可取肢背（或"T"形钢翼缘处边缘）到重心距离以 5 mm 为模数。

（2）角钢桁架弦杆变截面时，一般将接头设在节点处。为便于拼接，可使拼接处两侧角钢肢背齐平，为减小偏心，可取两角钢的重心线之间的中线与桁架轴线重合 [图 6-16（a）]。因轴线变动产生的偏心 e 不超过较大杆件截面高度的 5％时，可不考虑其影响。

对重型桁架，弦杆变截面接头应设在节点之外，以便简化节点构造 [图 6-16（b）]。

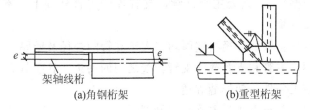

（a）角钢桁架   （b）重型桁架

图 6-16　桁架弦杆变截面

（3）桁架、杆件宜直切 [图 6-17（a）]，也可斜切 [图 6-17（b）、图 6-17（c）]，不容许采用图 6-17（d）所示的切割方式。

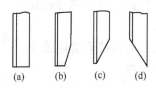

（a）   （b）   （c）   （d）

图 6-17　桁架、杆件的切割

（4）采用节点板连接的桁架，节点板上腹杆与弦杆，腹杆与腹杆之间的间隙 c 应不小于 20 mm，并不宜大于 $3.5t$，t 为节点板厚度。对直接承受动态载荷的桁架，间隙可适当放大，但不得超过 $6t$ 及 80 mm ［图 6-18（a）］。

（5）节点板的形状和平面尺寸应根据上条的间隙及腹杆与节点连接焊缝长度要求确定，但要考虑施工误差，将平面尺寸适当放大，节点极宜采用矩形、梯形或平行四边形，即一般至少有 2 边平行。直接承受动态载荷的重型桁架腹杆与节点板的连接处宜修成弧形边缘，以提高节点的疲劳强度 ［图 6-18（b）］。

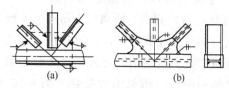

图 6-18　节点板的形状

2. 钢管桁架节点

（1）弦杆（以下称主管）与腹杆（以下称支管）的连接宜采用直接焊接（也可采用节点板或将支管端打扁等形式，但其受力性能较差），节点处主管连续，支管焊于主管外壁上，不得将支管穿叉主管。

（2）主管的外径及壁厚均应大于支管的外径及壁厚。

（3）主管和支管或两支管轴线之间的夹角 θ 不宜小于 30°，以保证施工条件，使焊缝焊透。

（4）节点上支管与主管的轴线应尽量汇交于一点，但为避免支管在节点处的焊缝交叉而造成的支管偏心不超过主管直径的 1/4 时，杆件计算可不计此偏心影响（图 6-19）。

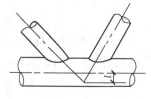

图 6-19　钢管桁架节点的偏心受力

（5）支管与主管的连接焊缝应沿全周连续焊接并平滑过渡。

（6）支管端部宜使用自动切管机切割，支管壁厚小于 6 mm 时可不切坡口。

（7）支管与主管连接可沿全周采用角焊缝，也可部分采用角焊缝、部分采用对接焊缝。支管管壁与主管管壁的夹角大于或等于120°的区域，宜采用对接焊缝或带坡口的角焊缝，角焊缝的焊脚尺寸不宜大于支管壁厚的2倍。

（8）钢管节点形式。有"X"形节点、"T"形节点、"K"形节点。

四、网架结构焊接技术

1.焊接空心球节点

焊接空心球节点是目前应用最为普遍的一种节点形式。焊接空心球体是将2块圆钢板经热压或冷压成2个半球后再对焊而成［图6-20（a）］，当球径等于或大于300 mm且杆件内力较大时可在球体内加衬环肋，并与2个半球焊成一体［图6-20（b）］，以提高节点承载能力。加环肋后，承载能力一般可提高15%～40%。

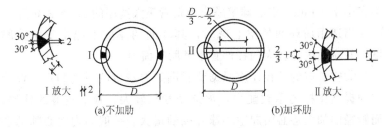

(a)不加肋 (b)加环肋

图6-20 焊接空心球剖面

由于球体没有方向性，可与任意方向的杆件相连，对于圆钢管，只要切割面垂直杆件轴线，杆件就能在空心球体上自然对中而不产生偏心，因此它的适应性强，可用于各种形式的网架结构（包括各种网壳结构）。采用焊接空心球节点时，杆件与球体的连接一般均在现场焊接，仰焊和立焊占有相当的比重，焊接工作量大、质量要求较高。杆件长度尺寸要求高，故难度较大，因焊接变形而引起的网格尺寸偏差也往往难于处理，故施工时必须注意。

（1）球体尺寸。

①空心球外径主要根据构造要求确定。连接于同一球体的各杆件之间的缝隙一般不小于10～20 mm（图6-21），据此，空心

球外径可初步按下式估算，然后再验算其容许承载力（图6-21）：

$$D = 1.03(d_1 + \alpha + d_2)/\alpha$$

式中：α——汇集于球节点任意两管的夹角（rad），

当 $d = 20$ mm 时，$\alpha = 40$ rad；

$d = 10$ mm 时，$\alpha = 20$ rad；

d_1、d_2——组成 α 角的钢管外径（mm）。

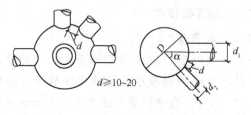

$d \geqslant 10 \sim 20$

图 6-21　空心球外径的确定（单位：mm）

在一个网架结构中，空心球的规格数不宜超过 2～4 种。

空心球外径与其壁厚的比值一般取 25～45，空心球壁厚一般不宜小于 4 mm，空心球壁厚应为钢管最大壁厚的 1.2～2.0 倍。

当选用加环肋的空心球时，其环肋的厚度不应小于球壁厚度，并应使内力较大的杆件置于环肋平面内。

②空心球的外径还应根据节省网架总造价的原则确定。设计中为提高压杆的承载能力，常选用管径较大、管壁较薄的杆件，而管径的加大势必引起空心球外径的增大。一般国内空心球的造价是钢管造价的 2～3 倍，因而可能使网架总造价提高。反之，如果选择管径较小、管壁较厚的杆件，空心球的外径虽可减少，但钢管用量增大，总造价也不一定经济。一般认为，合理的压杆长度 l 与空心球外径 D 的关系，见下式：

$$D = \frac{l}{k}$$

式中：l——压杆长度；

k——系数（略）。

当按上式求得空心球外径后（取整数），再由式 $D = 1.03(d_1 + \alpha + d_2)/\alpha$ 便可得到合理的压杆管径。

（2）钢管杆件与空心球的连接。钢管与空心球间采用焊缝连

142

接。当钢管壁厚大于 4 mm 时，钢管端面应开坡口，为保证焊缝焊透，并符合焊缝质量标准，钢管端头宜加套管（作衬垫用）与空心球焊接（图 6-22），这时焊缝可认为与钢管等强，否则一律按角焊缝计算。当管壁厚度不大于 4 mm 时，角焊缝高度不得超过钢管壁厚 1.5 倍，当管壁厚度大于 4 mm 时，不得超过钢管壁厚的 1.2 倍。

2. 焊接钢板节点

焊接钢板节点的刚度较大，用钢量较少，造价较低，制作较简单，适用于两向网架［图 6-23（a）］和由四角锥组成的网架［图 6-23（b）］，一般多用于连接角钢杆件。图 6-23（a）适用于在地面全部焊成，然后整体吊装或全部在

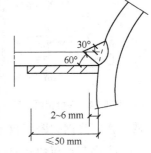

图 6-22　加套管连接

高空拼装的中、小跨度的网架；图 6-23（b）适用于在地面分片或分块焊成单元体，然后在空中用高强螺栓连成整体的大跨度网架。

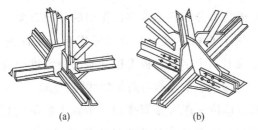

(a)　　　　　(b)

图 6-23　两向网架的焊接钢板节点

（1）节点组成及构造要求。焊接钢板节点一般由十字节点板和盖板组成。十字节点板宜由 2 块带企口的钢板对插焊成，也可由 3 块钢板焊成（图 6-24）。小跨度网架的受拉节点，可不设置盖板。十字节点板与盖板所用钢材应与网架杆件钢材一致。

焊接钢板节点上弦杆与腹杆，腹杆与腹杆之间以及弦杆端部与节点板中心线之间的间隙均不宜小于 20 mm（图 6-25）。

当网架弦杆内力较大时，网架弦杆应与盖板和十字节点板共

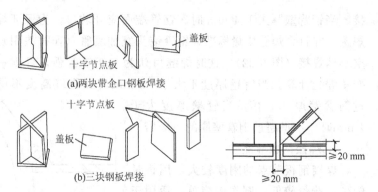

图 6-24　焊接钢要反节点的组成　图 6-25　十字节点板与杆件的连接构造

同连接。当网架跨度较小时，弦杆也直接与十字节点板连接。

十字节点板的竖向焊缝应具有足够强度，并宜采用"K"形坡口的对接焊缝。

杆件与十字节点板或盖板应采用角焊缝连接。

（2）节点板的受力特点及其尺寸确定。根据对十字节点板的加荷试验研究结果表明，十字节点板在 2 个方向外力作用下，每向节点板中的应力分布只与该方向作用的外力有关。因此对于双向受力的十字节点板，设计时只须考虑自身平面内作用力的影响。当无盖板时，十字节点板可按平截面假定进行设计。当有盖板时，则应考虑十字节点板与盖板的共同工作。

节点板的厚度一般可根据作用于节点上的最大杆力由表6-10选用。节点板的厚度还应较连接杆件的厚度大 2 mm，并不得小于 6 mm。

节点板的平面尺寸应适当考虑制作和装配的误差。

表 6-10　节点板厚度选用

杆件最大内力（kN）	≤15	160～300	310～400	410～600	＞600
节点板厚度（mm）	8	8～10	10～12	12～14	14～16

（3）节点的连接焊缝。十字节点板的竖向焊缝主要承受 2 个方向节点板传来的内力，受力情况比较复杂。对于坡口焊缝，当

2个方向节点板传来的应力同为拉（或压）时，焊缝主要受拉或受压，切应力不起控制作用；当2个方向节点板传来的应力1个方向为拉，另1个方向为压时，焊缝除受拉、压应力外，还存在较大切应力，其大小随2个方向传来的应力比值而变。

杆件与十字节点板及盖板间的角焊缝主要受剪，当角焊缝强度不足，节点板尺寸又不宜增大时，可采用槽焊缝与角焊缝相结合并以角焊缝为主的连接方案。槽焊缝的强度由试验确定。

3. 焊接钢管节点

在小跨度网架中，其杆件内力一般较小，为简化节点构造，取一定直径的钢筒作为连接杆件的节点，即为焊接钢管节点。钢筒可用无缝钢管或有缝钢管，钢筒直径和高度由构造决定，筒壁厚度则根据受力确定。为增强筒身刚度提高节点承载力，可在筒内设加强环或在两端设封板。

4. 焊接鼓节点

和钢管节点类似，利用曲鼓筒和封板组成空间封闭结构，筒身和封板互相支撑，共同工作，具有较大的承载能力和刚度。它利用焊在鼓筒端部的封板来连接网架腹板，因而鼓筒的直径和高度均可较小，腹杆也只需将端部斜切，因而这种节点取材方便，构造简单，耗钢量较省，适用于中小跨度的斜放四角锥网架。鼓节点的承载能力目前均由实验确定。

>>> 第三节　其他焊接技术 <<<

一、管道焊接

管子转动焊接的操作要点，见表6-11。

固定管全位置焊接的操作要领，见表6-12。

表 6-11　管子转动焊接的操作要点

项　目	内　容
焊接层次和坡口尺寸的确定	管子壁厚不小于 3.5 mm 时，应焊接 2 层；管壁薄的管道可 1 次焊成 为了保证焊缝根部的熔合质量，坡口的形式和组对间隙应按焊接工艺的要求执行。一般对于壁厚小于 3.5 mm 的管接头可不开坡口，对缝间隙留 1～2 mm。3.5 mm 以上壁厚时，开 "V" 形坡口（图 6-26）
焊接熔池位置	转动焊时，焊接熔池的位置十分重要。熔池相对于管子的几何中心应有 1 个偏移量。在封底时，熔池应在偏移转动方向的前方 5～8 mm（对中口径管）成 "爬坡" 焊位置，这样焊根容易焊透。盖面焊时，应偏向转动方向后侧成 "下坡" 焊位置，从而使焊缝表面成型较平展，并可避免焊缝两边咬肉，如图 6-27 所示

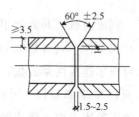

图 6-26　管子形 "V" 形坡口（单位：mm）

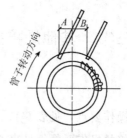

图 6-27　转动焊时熔池的位置

A—盖面焊的偏移量；*B*—封底焊的偏移量

表 6-12 固定管全位置焊接的操作要领

项 目	内 容
管口的组对与点固焊	管口组对时避免错口和弯曲。直径 51 mm 以下的小口径管一般用 1 个点固焊点，该焊点位于截面上方，此时始焊点位于管截面的下方；大口径管应点固 3 个焊点（图 6-28）
底层的焊接	沿垂直中心线将管子分成两半，从左、右两个方向分别进行仰焊、立焊、平焊。为了使接头处保持良好熔合和便于操作，焊前一半时，仰焊处起焊点应超过中心线，超前量（A）对直径 51 mm 以下的小直径管为 2~3 mm，对大口径管可取 5~10 mm。在坡口内引弧后，迅速压低电弧熔穿根部钝边。运条角度按照仰焊、立焊和平焊的要求，连续不断地改变（图 6-29）
接头和收口	因起焊处易产生气孔和未焊透，因此应将起焊处修成缓坡并将电弧拉长进行预热。具备形成熔池的条件之后，再压低电弧，正常运条操作。距收口 3~5 mm 时，应注意压低电弧，焊穿根部。熄弧前，必须填满弧坑，而后将电弧引至坡口一侧熄弧
中间层及表层焊接	中间层及表层焊接时，应使焊缝接头与前一层的弧坑错开

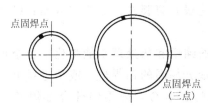

图 6-28　点固焊

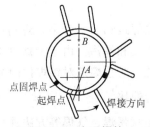

图 6-29　底层焊接

二、不锈钢焊接

奥氏体不锈钢适用于焊条电弧焊、氩弧焊。焊条电弧焊选用化学成分相同的奥氏体不锈钢焊条；氩弧焊所用的焊丝化学成分应与母材相同。奥氏体不锈钢焊条电弧焊时，应采用细焊条，小线能量（主要用小电流）快速不摆动焊，最后焊表面焊缝。

马氏体不锈钢焊接焊前要预热，焊后进行消除残余应力的处理。

铁素体不锈钢焊接通常在150℃以下预热，减少高温停留时间，并采用小线能量焊接工艺。

不锈钢与低碳钢或低合金钢焊接，通常用焊条电弧焊。焊条选用E307-15不锈钢焊条。

三、铝及铝合金焊接

在现代工业上广泛采用氩弧焊、气焊、电阻焊和钎焊焊接铝及铝合金。

氩弧焊是较为理想的焊接方法，以氩气的阴极破碎作用去除氧化膜，焊接质量好，耐腐蚀性较强。一般厚度在8 mm以下采用钨极（非熔化极）氩弧焊，厚度在8 mm以上采用熔化极氩弧焊。

要求不高的纯铝和热处理不能强化铝合金可采用气焊。焊丝选用与母材成分相同的铝焊丝，或从母材上切下的窄条；对于热处理强化的铝合金，采用铝硅合金焊丝，使用熔剂（如CJ401）去除氧化膜和杂质。气焊适用于板厚0.5～2 mm的薄件焊接。

无论用哪种方法焊接铝及铝合金，焊前必须彻底清理焊接部位和焊丝表面的氧化膜和油污。由于铝熔剂对铝有强烈的腐蚀作用，焊后应仔细清洗，防止熔剂对铝焊件的继续腐蚀。

四、铜及铜合金焊接

铜及铜合金可用氩弧焊、气焊等方法进行焊接。

氩气对熔池保护性可靠，接头质量好，飞溅少，成形美观，广泛用于纯铜、黄铜和青铜的焊接中。纯铜钨极氩弧焊焊丝用 HSCu，铜合金用相同成分的焊丝。黄铜气焊填充金属采用 $\omega_{si} = 0.3\% \sim 0.7\%$ 的黄铜或焊丝 HSCuZn-4。气焊焊剂用"CJ301"。

  铜及铜合金也可采用焊条电弧焊，选用相同成分的铜焊条。

第七章

外观缺陷及焊接质量检查

>>> 第一节　外观缺陷 <<<

一、型钢焊接外观缺陷

型钢焊接外观缺陷，见表 7-1。

表 7-1　型钢焊接外观缺陷

项　目	内　容
焊缝外观尺寸 不符合要求	主要表现焊缝过高、过低、过宽、过窄、焊缝高低不平、宽窄不齐 等。外观尺寸不符合要求。对接焊缝的余高要求 0～3 mm
咬边	由于操作方法或参数选择不当，在焊缝两侧与金属工件交界处形成的 沟槽或凹坑称为咬边。咬边是一种危险性较大的外观缺陷。它不但减 少焊缝的承压面积，而且在咬边根部往往形成较尖锐的缺口，造成应 力集中，很容易形成应力腐蚀裂纹和应力集中裂纹。因此，对咬边有 严格的限制，一级焊缝不允许出现咬边。二、三级焊缝的咬边有严格 限制 防止咬边的措施是电流大小要适当，运条要均匀，焊条角度要正确， 焊速要适当
弧坑	收头时熔池没有填满，或接头时没有结合好留在焊缝表面的凹坑。焊 缝弧坑缺陷对焊接接头的强度和应力水平有不利的影响
焊瘤	施焊时，由于根部间隙太大或焊接电流太大，流体金属下坠，形成 非焊缝的多余瘤体叫焊瘤。焊瘤不仅影响了焊缝的外观，而且也掩 盖了焊缝处焊趾的质量情况，往往会在这个部位上出现未熔合缺陷
内凹	内凹又叫凹陷，是背面焊缝下塌形成的一个圆滑的沟槽

二、钢筋焊接外观缺陷

钢筋焊接外观缺陷，见表 7-2，手工电弧焊的允许偏差见表 7-3。

表 7-2　钢筋焊接外观缺陷

项　目	内　容
钢筋 手工 电弧 焊	电弧焊接头外观检查结果，应符合下列要求：焊缝表面应平整，不得有凹陷或焊瘤；焊接接头区域不得有肉眼可见的裂纹；咬边深度、气孔、夹渣等缺陷允许值及接头尺寸的允许偏差，应符合表 7-3 的规定；坡口焊、熔槽帮条和窄间隙焊接头的焊缝余高不得大于 3 mm
钢筋气 压焊	外观检查的方法主要是目视检查，必要时可采用游标卡尺或其他专用工具。外观检查项目包括以下内容： 1. 压焊区钢筋偏心量。两钢筋轴线相对偏心量不得大于钢筋直径的 0.15 倍，同时不得大于 4 mm。当不同直径钢筋相焊接时，按小钢筋直径计算。当超过限量时，应切除重焊 2. 弯折角。焊接部位两钢筋轴线弯折角不得大于 4°。当超过限量时，可重新加热矫正 3. 墩粗直径和长度。墩粗区的最大直径应不小于钢筋直径的 1.4 倍。墩粗区的长度不小于钢筋直径的 1.2 倍，且凸起部分应平缓圆滑。当小于限量时，可重新加热加压墩粗、墩长 4. 压焊面偏移。墩粗区最大直径处应与压焊面重合，最大的偏移量不得大于钢筋直径的 0.2 倍 5. 裂纹及烧伤。两钢筋接头处不得有环向裂纹，否则，应切除重焊。墩粗区表面不得有严重烧伤
钢筋电渣 压力焊	外观检查项目包括以下内容：用小锤、放大镜、钢板尺和焊缝量规检查，逐个检查焊接接头。接头焊面均匀，不得有裂纹，钢筋表面无明显烧伤等缺陷。对外观检查不合格的接头，应将其切除重焊 1. 电渣压力焊的允许偏差。接头处钢筋轴线的偏移不得超过 0.1 倍直径，同时不得大于 2 mm。接头处弯折不得大于 4° 2. 电渣压力焊常见问题及防治方法 ①接头偏心和倾斜。主要原因是钢筋端部歪扭不直，在夹具中央持不正或倾斜；焊后夹具过早放松，接头未冷却使上钢筋倾斜；夹具长期使用磨损，造成上下不同心 ②咬边。主要发生于上钢筋。主要原因是焊接时电流太大，钢筋熔化过

项 目	内 容
钢筋电渣压力焊	快；上钢筋，端头没有压入熔池中，或压入深度不够；停机太晚，通电时间过长 ③未熔合。主要原因是在焊接过程中上钢筋提升过大成下送速度过慢、钢筋端部熔化不良或形成断弧；焊接电流过小或通电时间不够，使钢筋端部未能得到适宜的熔化量；焊接过程中设备发生故障，上钢筋卡住，未能及时压下 ④焊包不匀。焊包有两种情况，一种是被挤出的熔化金属形成的焊包很不均匀，一边大一边小，小的一面其高不足 2 mm；另一种是钢筋端面形成的焊缝厚薄不均。主要原因是钢筋端头倾斜过大而熔化量又不足，顶压时熔化金属在接头四周分布不匀或采用铁丝球引弧时，铁丝球安放不正，偏向一边 ⑤气孔。主要原因是焊剂受潮，焊接过程中产生大量气体渗入溶池，钢筋锈蚀严重或表面不清洁 ⑥钢筋表面烧伤。主要原因是钢筋端部锈蚀严重，焊前未除锈；夹具电极不干净；钢筋未夹紧，顶压时发生滑移 ⑦夹渣。主要原因是通电时间短，上钢筋在熔化过程中还未形成凸面即行顶压，熔渣无法排出；焊接电流过大或过小；焊剂熔化后形成的熔渣黏度大，不易流动；顶压力太小，上钢筋在熔化过程气体渗入溶池，钢筋锈蚀严重或表面不清洁 ⑧成形不良。主要原因是焊接电流大，通电时间短，上钢筋熔化较多，如顶压时用力过大，上钢筋端头压入熔池较多，挤出的熔化金属容易上翻；焊接过程中焊剂泄漏，熔化铁水失去约束，随焊剂泄漏下流
钢筋闪光对焊	1. 钢筋对焊完毕，应对全部焊接进行外观检查，其要求是：接头处弯折不大于 4°；接头具有适当的镦粗和均匀的金属毛刺；钢筋横向没有裂缝和烧伤；接头轴线位移不大于 $0.1d$，且不大于 2 mm 2. 对焊常见焊接缺陷的原因及防治办法如下 ①焊点过烧。产生原因：变压器级数过高，通电时间过长，上下电极不对中，继电器接触失灵。防治办法：降低变压器级数，缩短通电时间，切断电源，校正电源，调节间隙，清理接触点 ②焊点脱落。产生原因：电流过小，压力不够，压入深度不够，通电时间过短。防止办法：提高变压器级数，加大弹簧压力或调大气压，调整两电极间的距离符合压入深度，延长通电时间 ③表面烧伤。产生原因：钢筋和电极接触表面太脏，焊接时没有预压过程或预压力过小，电流过大。防治办法：清刷电极与钢筋表面的铁锈和油污，保证预压过程和适当的预压力，降低变压器级数

表 7-3　手工电弧焊的允许偏差

名　称		单位	接头形式		
			帮条焊	搭接焊 钢板与钢筋 搭接焊	坡口焊 窄间隙焊 熔槽帮条焊
帮条沿接头中心线的纵向偏移		mm	$0.3d$	—	—
接头处弯折角		(°)	3	3	3
接头处钢筋轴线的位移		mm	$0.1d$	$0.1d$	$0.1d$
焊缝厚度		mm	$+0.05d$	$+0.05d$	—
焊缝宽度		mm	$+0.1d$	$+0.1d$	—
焊缝长度		mm	$-0.3d$	$-0.3d$	—
横向咬边深度		mm	0.5	0.5	-0.5
在长 $2d$ 焊缝表面上的气孔及夹渣	数量	mm	2	2	—
	面积	mm²	6	6	—
在全部焊缝表面上的气孔及夹渣	数量	mm	—	—	2
	面积	mm²	—	—	6

注：d 为钢筋直径

》》第二节　焊接质量检查 《《

一、钢筋焊接一般规定

1. 检查数量

（1）焊缝处数的计数方法。工厂制作焊缝长度小于等于 1 000 mm 时，每条焊缝为 1 处；长度大于 1 000 mm 时，将其划分为每 300 mm 为 2 处；现场安装焊缝每条焊缝为 1 处。

（2）可按下列方法确定检查批。

①按焊接部位或接头形式分别组成批。

②工厂制作焊缝可以同一工区（车间）按一定的焊缝数量组成批；多层框架结构可以每节柱的所有构件组成批。

③现场安装焊缝可以区段组成批；多层框架结构可以每层（节）的焊缝组成批。

④批的大小宜为 300～600 处。

⑤抽样检查除设计指定焊缝外应采用随机取样方式取样。

（3）抽样检查的焊缝数如不合格率小于 2％时，该批验收应定为合格；不合格率大于 5％时，该批验收应定为不合格；不合格率为 2％～5％时，应加倍抽检，且必须在原不合格部位两侧的焊缝延长线各增加 1 处，如在所有抽检焊缝中不合格率不大于 3％时，该批验收应定为合格，大于 3％时，该批验收应定为不合格。当批量验收不合格时，应对该批余下焊缝的全数进行检查。当检查出 1 处裂纹缺陷时，应加倍抽查，如在加倍抽检焊缝中未检查出其他裂纹缺陷时，该批验收应定为合格，当检查出多处裂纹缺陷或加倍抽查又发现裂纹缺陷时，应对该批余下焊缝的全数进行检查。

2. 外观检验

（1）所有焊缝应冷却到环境温度后进行外观检查，Ⅱ、Ⅲ类钢材的焊缝应以焊接完成 24 h 后检查结果作为验收依据，Ⅳ类钢应以焊接完成 48 h 后的检查结果作为验收依据。

（2）外观检查一般用目测，裂纹的检查应辅以 5 倍放大镜并在合适的光照条件下进行，必要时可采用磁粉探伤或渗透探伤，尺寸的测量应用量具、卡规。

（3）焊缝外观质量应符合下列规定。

①一级焊缝不得存在未焊满、根部收缩、咬边和接头不良等缺陷，一级焊缝和二级焊缝不得存在表面气孔、夹渣、裂纹和电弧擦伤等缺陷。

②二级焊缝的外观质量除应符合①的要求外，尚应满足表 7-4 的有关规定。

③三级焊缝的外观质量应符合表 7-4 的有关规定。

（4）焊缝尺寸应符合下列规定。

①焊缝焊脚尺寸应符合表 7-5 的有关规定。

②焊缝余高及错边应符合表 7-6 的有关规定。

表 7-4　焊缝外观质量允许偏差

焊缝质量等级／检验项目	二级	三级
未焊满	$\leqslant 0.2+0.02t$ 且 $\leqslant 1$ mm，每 100 mm 长度焊缝内未焊满累积长度$\leqslant 15$ mm	$\leqslant 0.2+0.04t$ 且 $\leqslant 2$ mm，每 100 mm 长度焊缝内未焊满累积长度$\leqslant 25$ mm
根部收缩	$\leqslant 0.2+0.02t$ 且 $\leqslant 1$ mm，长度不限	$\leqslant 0.2+0.04t$ 且 $\leqslant 2$ mm，长度不限
咬边	$\leqslant 0.05t$ 且 $\leqslant 0.5$ mm，连接长度$\leqslant 100$ mm，且焊缝两侧咬边总长$\leqslant 10\%$焊缝全长	$\leqslant 0.1t$ 且 $\leqslant 1$ mm，长度不限
裂纹	不允许	允许存在长度$\leqslant 5$ mm 的弧坑裂纹
电弧擦伤	不允许	允许存在个别电弧擦伤
接头不良	缺口深度$\leqslant 0.05t$，且$\leqslant 0.5$ mm，每 100 mm 长度焊缝内不得超过 1 处	缺口深度$\leqslant 0.1t$，且$\leqslant 1$ mm，每 100 mm 长度焊缝内不得超过 1 处

焊缝质量等级 检验项目	二级	三级
表面气孔	不允许	每 50 mm 长度焊缝内允许存在直径<$0.4t$ 且≤3 mm 的气孔 2 个，孔距应≥8 倍孔径
表面夹渣	不允许	深≤$0.2t$，长≤$0.5t$ 且≤20 mm

表 7-5　焊缝焊脚尺寸允许偏差

序号	项目	示意图	允许偏差（mm）	
1	一般全焊透的角接与对接组合焊缝		$h_{\mathrm{r}} \geqslant (\frac{l}{4})_{0}^{+4}$ 且≤10	
2	需经疲劳验算的全焊透角接与对接组合焊缝		$h_{\mathrm{r}} \geqslant (\frac{l}{2})_{0}^{+4}$ 且≤10	
3	角焊缝及部分焊透的角接与对接组合焊缝		h_{r}≤8 时 0～1.5	h_{r}>8 时 0～3.0

注：1. h_{r}>8.0 mm 的角焊缝其局部焊脚尺寸允许低于设计要求值 1.0 mm，但总长度不得超过焊缝长度的 10%。

　　2. 焊接"H"形梁腹板与翼缘板的焊缝两端在其两倍翼缘板宽度内，焊缝的焊脚尺寸不得低于设计要求值。

表 7-6　焊缝余高和错边允许偏差

序号	项目	示意图	允许偏差（mm）	
			一级、二级	三级
1	对接焊缝余高（C）		$B<20$ 时，C 为 $0\sim3$；$B\geqslant20$ 时，C 为 $0\sim4$	$B<20$ 时，C 为 $0\sim3.5$；$B\geqslant20$ 时，C 为 $0\sim5$
2	对接焊缝余高（d）		$d<0.1t$，且 $\leqslant2.0$	$d<0.15t$，且 $\leqslant3.0$
3	角焊缝余高（C）		$h_r\leqslant8$ 时，C 为 $0\sim1.5$，$h_r>8$ 时，C 为 $0\sim3.0$	

（5）电渣焊、气电立焊接头的焊缝外观成形应光滑，不得有未熔合、裂纹等缺陷；当板厚小于 30 mm 时，压痕、咬边深度不得大于 0.5 mm；板厚大于或等于 30 mm 时，压痕、咬边深度不得大于 1.0 mm。

二、钢筋焊接主控项目

第一，焊接材料的品种、规格、性能等应符合现行国家产品标准和设计要求。

检查数量：全数检查。

检验方法：检查焊接材料的质量合格证明文件、中文标志及检验报告等。

第二，重要钢结构采用的焊接材料应进行抽样复验，复验结果应符合现行国家产品标准和设计要求。

检查数量：全数检查。

检验方法：检查复验报告。

第三，焊条、焊剂、药芯焊丝、熔嘴等在使用前，应按其产品说明书及焊接工艺文件的规定进行烘焙和存放。

检查数量：全数检查。

检验方法：检查质量证明书和烘焙记录。

第四，焊工必须经考试合格并取得合格证书。持证焊工必须在其考试合格项目及其认可范围内施焊。

检查数量：全数检查。

检验方法：检查焊工合格证及其认可范围、有效期。

第五，施工单位对其首次采用的钢材、焊接材料、焊接方法、焊后热处理等，应进行焊接工艺评定，并应根据评定报告确定焊接工艺。

检查数量：全数检查。

检验方法：检查焊接工艺评定报告。

第六，设计要求全熔透的一级、二级焊缝应采用超声波探伤进行内部缺陷的检验，超声波探伤不能对缺陷作出判断时，应采用射线探伤，其内部缺陷分级及探伤方法应符合现行国家标准《焊缝无损检测、超声检测技术、检测等级和评定》（GB/T 11345－2013）或《金属熔化焊焊接接头射线照相》（GB/T 3323－2005）的规定。

焊接球节点网架焊缝、螺栓球节点网架焊缝及圆管"T"、"K"、"Y"形节点相贯线焊缝，其内部缺陷分级及探伤方法应分别符合国家现行标准《钢结构超声波探伤及质量分级法》（JG/T 203－2007）的规定。

一级、二级焊缝的质量等级及缺陷分级应符合表7-7的规定。

检查数量：全数检查。

检验方法：检查焊缝探伤报告。

表 7-7　一级、二级焊缝的质量等级及缺陷分级

焊缝质量等级		一级	二级
内部缺陷 超声波探伤	评定等级	Ⅱ	Ⅲ
	检验等级	B 级	B 级
	探伤比例	100%	20%
内部缺陷 射线探伤	评定等级	Ⅱ	Ⅲ
	检验等级	AB 级	AB 级
	探伤比例	100%	20%

注：探伤比例的计数方法应按以下原则确定：

　　1. 对工厂制作焊缝，应按每条焊缝计算百分比，且探伤长度应不小于 200 mm，当焊缝长度不足 200 mm 时，应对整条焊缝进行探伤。

　　2. 对现场安装焊缝，应按同一类型、同一施焊条件的焊缝条数计算百分比，探伤长度应不小于 200 mm，并应不小于 1 条焊缝。

第七，焊缝表面不得有裂纹、焊瘤、烧穿、弧坑等缺陷。一级、二级焊缝不得有表面气孔、夹渣、弧坑裂纹、电弧擦伤等缺陷；且一级焊缝不得有咬边、未焊满等缺陷。

检查数量：每批同类构件抽查 10%，且不应少于 3 件；被抽查构件中，每一类型焊缝按条数抽查 5%，且不应少于 1 条；每条检查 1 处，总抽查数不应少于 10 处。

检验方法：观察检查或使用放大镜、焊缝量规和钢尺检查；当存在疑义时，采用渗透或磁粉探伤检查。

第八，"T"形接头、十字接头、角接接头等要求熔透的对接和角对接组合焊缝，其焊脚尺寸不应小于 $t/4$［图 7-1（a）、图 7-1（b）、图 7-1（c）］；设计有疲劳验算要求的吊车梁或类似构件的腹板与上翼缘连接焊缝的焊脚尺寸为 $t/2$［图 7-1（d）］，且不应大于 10 mm。焊脚尺寸的允许偏差为 0～4 mm。

检查数量：资料全数检查；同类焊缝抽查 10%，且不应少于 3 条。

检验方法：观察检查，用焊缝量规抽查测量。

三、钢筋焊接一般项目

第一，焊条外观不应有药皮脱落、焊芯生锈等缺陷；焊剂不应受潮结块。

(a)"T"形接头焊　　(b)十字接头焊　　(c)角接接头焊　　(d)腹板与上翼缘连接
脚尺寸测量　　　　脚尺寸测量　　　脚尺寸测量　　　焊缝焊脚尺寸测量

图 7-1　接头焊脚尺寸测量

检查数量：按量抽查 1%，且不应少于 10 包。

检验方法：观察检查。

第二，对于需要进行焊前预热或焊后热处理的焊缝，其预热温度或后热温度应符合国家现行有关标准的规定或通过工艺试验确定。预热区在焊道两侧，每侧宽度均应大于焊件厚度的 1.5 倍以上，且不应小于 100 mm；后热处理应在焊后立即进行，保温时间应根据板厚按每 25 mm 板厚 1 h 确定。

检查数量：全数检查。

检验方法：检查预、后热施工记录和工艺试验报告。

第三，二级、三级焊缝外观质量标准应符合表 7-8 的规定。三级对接焊缝应按二级焊缝标准进行外观质量检验。

检查数量：每批同类构件抽查 10%，但不应少于 3 件；被抽查构件中，每一类型焊缝应按条数各抽查 5%，但不应少于 1 条；每条检查 1 处，总抽查处不应少于 10 处。

检验方法：观察检查或使用放大镜、钢尺和焊缝量规检查。

表 7-8　二级、三级焊缝外观质量标准

项目	允许偏差（mm）	
缺陷类型	二级	三级
为焊满（指不足设计要求）	≤0.2+0.02t，且≤1.0	≤0.2+0.04t，且≤2.0
	每 100.0 焊缝内缺陷总长≤25.0	
根部收缩	≤0.2+0.02t，且≤1.0	≤0.2+0.04t，且≤2.0
	长度不限	
咬边	≤0.05t，且≤0.5；连续长度≤100，两侧咬边总长度≤总抽查长度的 10%	≤0.1t，且≤1.0，长度不变

项目	允许偏差（mm）	
缺陷类型	二级	三级
弧坑裂纹	—	允许存在个别长度≤5.0的弧坑裂纹
电弧擦伤	—	允许存在个别电弧擦伤
接头不良	缺口深度0.05t，且≤0.5	缺口深度0.1t，且≤20.0
	每1 000个焊缝不应超过1处	
表成夹渣		深≤0.2t，长≤0.5t，且≤20.0
表面气孔	—	每50.0焊缝长度内允许直径≤0.4t，且≤3.0的气孔2个，孔距≥6倍孔径

注：t为连接处较薄的板厚。

第四，焊缝尺寸允许偏差应符合表7-9的规定。

表7-9　焊缝尺寸允许偏差

序号	项目	图例	允许偏差（mm）	
			一级、二级	三级
1	对接焊缝余高C		$B<20$时，C为0～3.0 $B≥20$时，C为0～4.0	$B<20$时，C为0～4.0 $B≥20$时，C为0～5.0
2	对接焊缝错边d		$d<0.15t$，且≤2.0	$d<0.15t$，且≤3.0
3	焊脚尺寸h_t		$h_r≤6$时，C为0～1.5 $h_r>6$时，C为0～3.0	
4	角焊缝余高C		$h_r≤6$时，C为0～1.5 $h_r>6$时，C为0～3.0	

注：$h_f>8.0$ mm的角焊缝其局部焊脚尺寸允许低于设计要求值1.0 mm，但总长度不得超过焊缝长度10%。

焊接"H"形梁腹板与翼缘板的焊缝两端在其两倍翼缘板宽度范围内，焊缝的焊脚尺寸不得低于设计值。

检查数量：每批同类构件抽查10%，且不应少于3件；被抽查构件中，每一类型焊缝应按条数各抽查 5%，但不应少于 1 条；每条检查 1 处，总抽查处不应少于 10 处。

检验方法：用焊缝量规检查。

第五，焊成凹形的角焊缝。焊缝金属与母材间应平缓过渡；加工成凹形的角焊缝，不得在其表面留下切痕。

检查数量：每批同类构件抽查 10%，且不应少于 3 件。

检验方法：观察检查。

第六，焊缝感观。外形均匀，成型良好，焊道与焊道、焊道与基本金属间过渡平滑，焊渣和飞溅物清除干净。

检查数量：每批同类构件抽查 10%，但不应少于 3 件；被抽查构件中，每种焊缝按数量各抽查 5%，总抽查处不应少于 5 处。

检验方法：观察检查。

四、钢筋焊接检验

1. 检验方法

常用的焊接检验方法一般分为破坏性试验和非破坏性检验两大类。

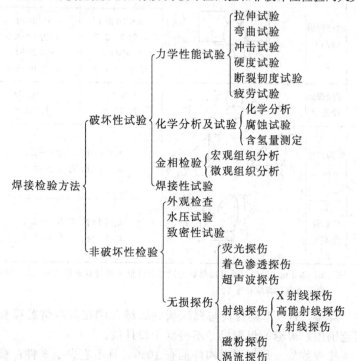

对于不同类型的焊接接头和不同的材料，可以根据图纸要求或有关规定，选择一种或几种检验方法，以确保质量。

针对结构性质和结构对焊缝质量要求的不同，合理选择检查方法，对重要结构或要求焊缝金属强度与被焊金属等强的对接焊缝，必须进行精确方法检查。表 7-10 给出了不同焊缝质量要求所须采用的检查方法。对检查结果应作上标记，分析性质，决定处理方法。

表 7-10 焊缝不同质量级别的检查方法

焊缝质量级别	检查方法	检查数量	备注
一级	外观检查	全部	有疑点时用磁粉复验
	超声波检查	全部	
	X 射线检查	抽查焊缝长度的 2%，至少应有 1 张底片	缺陷超出规范规定时，应加倍透照，如不合格，应 100%透照
二级	外观检查	全部	—
	超声波检查	抽查焊缝长度的 50%	有疑点时，用 X 射线透照复验，如发现有超标缺陷，应用全部超声波检查
三级	外观检查	全部	

2. 焊接检查

（1）质量检查人员应按本规程及施工图纸和技术文件要求，对焊接质量进行监督和检查。

施工图纸和技术文件是检查部门的工作依据。根据调查许多检查部门在没有施工图纸和技术文件下开展工作，难免出现非严即宽的可能性，因此对质量和效益都是不利的。为克服这种现象，故规定检查部门在工程未开始之前应详细了解图纸和技术文件，使其更好地按设计要求控制重点，防范一般。

（2）质量检查人员的主要职责。

①对所用钢材及焊接材料的规格、型号、材质以及外观进行检查，均应符合图纸和相关规程、标准的要求。

②监督检查焊工合格证及认可施焊范围。

③监督检查焊工是否严格按焊接工艺技术文件要求及操作规程施焊。

④对焊缝质量按照设计图纸、技术文件及本规程要求进行验收检验。

在进行钢结构制造和安装前，检查人员首先要对所采购的材料进行验收，核对钢材规格、型号、力学性能以及化学成分，对焊接材料除检查产品合格证外，还要按规定检查质量证明文件的可靠性，凡是不合格的材料不能验收。

焊接工艺指导书是保证焊接质量的主要技术文件。焊接检查员要监督执行工艺的全过程，对不遵守焊接工艺的焊工和焊接质量低劣的焊工，有权停止其工作。对未经过评定认可的焊接工艺，应禁止使用。

焊工的合格证是表明焊工的资格和技术水平的证件，检查人员应认真核查。无证焊工严禁上岗施焊。对持单项合格证者，只能在规定项目内施焊，不许进行其他项目。

（3）检查前应根据施工图及说明文件规定的焊缝质量等级要求编制检查方案，由技术负责人批准并报监理工程师备案。检查方案应包括检查批的划分、抽样检查的抽样方法、检查项目、检查方法、检查时机及相应的验收标准等内容。

焊缝在结构中所处的位置不同，承受荷载不同，破坏后产生的危害程度也不同，因此对焊缝质量的要求也不一样。如果一味提高焊缝的质量要求将造成不必要的浪费。一般将焊缝分成不同的等级，对不同等级的焊缝提出不同的质量要求。

目前由于现行钢结构相关规范中，对焊接质量的检验规定不够具体，实际检查时，一般由检查员根据图纸的原则要求随意进行，特别是抽检时，往往是哪里方便好检就检哪里，更有甚者，将合格的焊缝凑齐要求的检查比例了事。为了防止此类事情的发生，实践中应按设计图及说明文件规定的焊缝等级，在检查前按照科学的方法编制检查方案，并由质量工程师批准后实施。设计文件对焊缝等级要求不明确的应依据现行国家标准《钢结构设计规范》（GB 50017－2017）的相关规定执行，并须经原设计单位签认。

（4）抽样检查时，应符合下列要求。

①焊缝处数的计数方法。工厂制作焊缝长度小于等于1 000 mm时，每条焊缝为 1 处；长度大于 1 000 mm 时，将其划分为每 300 mm 为1处；现场安装焊缝每条焊缝为 1 处。

②可按下列方法确定检查批。

a. 按焊接部位或接头形式分别组成批。

b. 工厂制作焊缝可以同一工区（车间）按一定的焊缝数量组成批；多层框架结构可以每节柱的所有构件组成批。

c. 现场安装焊缝可以区段组成批；多层框架结构可以每层（节）的焊缝组成批。

③批的大小宜为 300～600 处。

④抽样检查除设计指定焊缝外应采用随机取样方式取样。

在《钢结构工程施工质量验收规范》（GB 50205－2001）中部分探伤的要求是对每条焊缝按规定的百分比进行探伤，且每处不小于200 mm。这样规定虽然对保证每条焊缝质量是有利的，但检查工作量大，检查成本高，特别是结构安装焊缝都不长，大部分焊缝为梁—柱连接焊缝，每条焊缝的长度大多在 250～300 mm之间。以概率论为基础的抽样理论表明，制订合理的抽样方案（包括批的构成、采样规定、统计方法），抽样检查的结果完全可以代表该批的质量，这也是与钢结构设计以概率论为基础相一致的。

a. 为了组成抽样检查中的检查批，首先必须知道焊缝个体的数量。一般情况下，作为检查对象的建筑钢结构的安装焊缝长度大多较短，通常将 1 条焊缝作为 1 个焊缝个体。在工厂制作构件时，箱形钢柱（梁）的纵焊缝、"H"形钢柱（梁）的腹板—翼板组合焊缝较长，此时可将 1 条焊缝划分为每 300 mm 为 1 个检查个体。

b. 检查批的构成原则上以同一条件的焊缝个体为对象，检查批的构成一方面要使检查结果具有代表性，另一方面有利于统计分析缺陷产生的原因，便于质量管理。

c. 取样原则上按随机取样方式，随机取样方法有多种，例如，将焊缝个体编号，使用随机数表来规定取样部位等。

（5）抽样检查的焊缝数如不合格率小于 2％时，该批验收应定为合格；不合格率大于 5％时，该批验收应定为不合格；不合格率为 2％～5％时，应加倍抽检，且必须在原不合格部位两侧的焊缝延长线各增加一处，如在所有抽检焊缝中不合格率不大于 3％时，该批验收应定为合格，大于 3％时，该批验收应定为不合格。当批量验收不合格时，应对该批余下焊缝的全数进行检查。当检查出一处裂纹缺陷时，应加倍抽查，如在加倍抽检焊缝中未检查出其他裂纹缺陷时，该批验收应定为合格，当检查出多处裂纹缺陷或加倍抽查又发现裂纹缺陷时，应对该批余下焊缝的全数进行检查。

（6）所有查出的不合格焊接部位包括已验收合格批中的不合格部位应予以补修至检查合格。

3. 焊接检验尺的使用图示

焊接检验尺有多种功能，可作一般钢尺使用，测量型钢、板材及管道错口；测量型钢、板材及管道坡口角度；测量型钢、板材及管道对口间隙；测量焊缝高度；测量角焊缝高度；测量焊缝宽度以及焊接后的平直度等。焊接检验尺是利用线纹和游标测量等原理，检验焊接件的焊缝宽度、高度、焊接间隙、坡口角度、咬边深度等的计量器具。主要结构形式分为 Ⅰ 型（图 7-2）、Ⅱ 型（图 7-3）、Ⅲ 型（图 7-4）和 Ⅳ 型（图 7-5）。

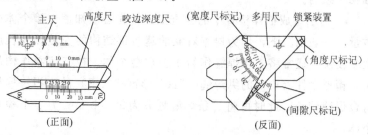

图 7-2　焊接检验尺 Ⅰ 型

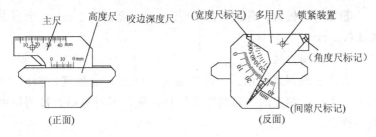

图 7-3　焊接检验尺 Ⅱ 型

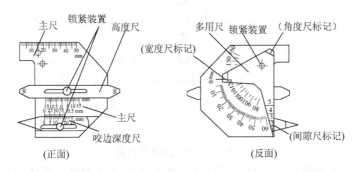

图 7-4　焊接检验尺Ⅲ型

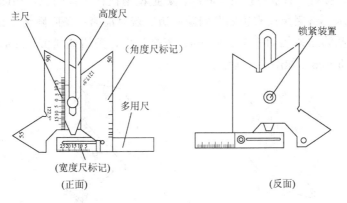

图 7-5　焊接检验尺 Ⅳ型

（1）主要技术数据。

①钢尺 0~40 mm，读数值 1 mm，示值误差±0.2 mm。

②坡口角度 0°~75°，读数值 5°，示值误差±30′。

③焊缝宽 0~30 mm，读数值 1 mm，示值误差±0.2 mm。

④焊缝高度 0~20 mm，读数值 1 mm，示值误差±0.1 mm。

⑤型钢、板材、管道间隙 1～5 mm，读数值 1 mm，示值误差±0.2 mm。

（2）使用方法。

①作一般钢尺使用。主尺边缘有 0～40 mm 刻度，如图 7-6 所示。主尺有刻度的一面贴紧工件被测面，不可倾斜，被测值可直接读出。

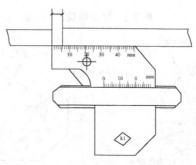

图 7-6　作一般钢尺使用

②测量对口间隙。测角尺正面尖角有几条刻线，用于测量型钢、板材、管道焊接对口间隙。测量型钢板材对口间隙，如图 7-7 所示。将测角尺直边贴紧间隙一边。若对准第一条间隙为 1 mm；对准第二条线间隙为 1.5 mm；依次类推，条格递增 0.5 mm，直至 5 mm，如图 7-8 所示。

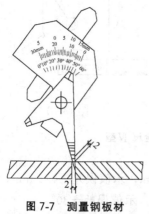

图 7-7　测量钢板材
对口间隙

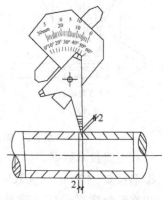

图 7-8　测量管道对口间隙

③测量坡口角度。主尺背面下部有 0°～75°刻度与测角尺相

配合，可测量型钢、板材及管口坡度角度，测量型钢、板材坡口角度示意如图 7-9 所示。测量管道坡口角度示意图如图 7-10 所示。

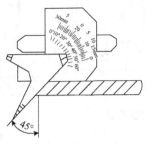

图 7-9　测量型钢、板材坡口角度

④测量错口。主尺背面有＋7 mm 刻度与测角尺配合，可测量型钢板材及管道错口，测量型钢、板材错口，如图 7-11 所示。测量管道错口，如图 7-12 所示。

⑤测量焊缝高度。主要测量型钢、板材及管道焊缝高度，测量型钢、板材焊缝高度，如图 7-13 所示。测量管道焊缝高度，如图 7-14 所示。

⑥测量角焊缝高度。测量角焊缝高度如图 7-15 所示。以主尺的 90°角处为测量基面，在活动尺的配合下进行测量，活动尺上短线条对准的主尺部分的刻度尺，即为所测值。

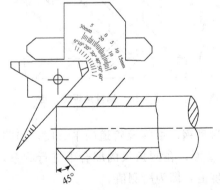

图 7-10　测量管道坡口角度

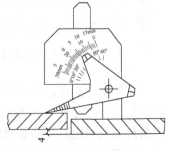

图 7-11　测量型钢、板材错口

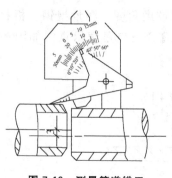

图 7-12　测量管道错口

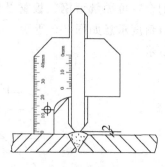

图 7-13　测量型钢、
板材焊缝高度

⑦测量焊缝宽度。主要测量型钢、板材及管道焊缝宽度，如图 7-16 所示。以主尺的棱边为测量基面，在测量尺配合下进行测量，测量尺刻线对准主尺刻度值部分，即为所测值。测量管道焊缝宽度的如图 7-17 所示。

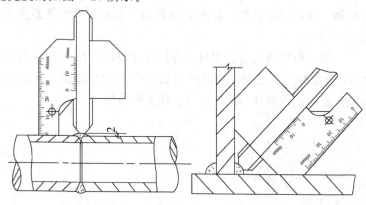

图 7-14　测量管道焊缝高度　　　　图 7-15　测量角焊缝高度

⑧测量平直度。主要测量型钢、板材及管道的平直度，如图 7-18 所示。以主尺一端测量基面，在测角尺的配合下进行测量，测角尺刻线对准主尺部分刻度值，即为所测值。

⑨测量对接组焊"X"形坡口角度，如图 7-19 所示。

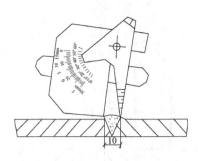

图 7-16　测量型钢、
板材及管道焊缝宽度

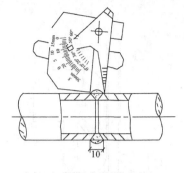

图 7-17　测量管道
焊缝宽度

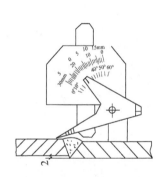

图 7-18　测量型钢、板材
及管道平直度

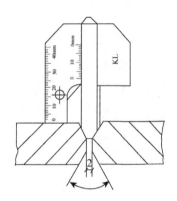

图 7-19　测量对接组焊
"X" 形坡口角度

⑩测量角焊缝贴角高尺寸，如图 7-20 所示。

⑪测量焊缝咬边深度，如图 7-21 所示。

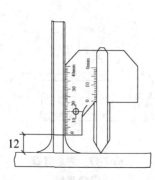

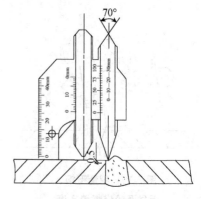

图 7-20　测量角焊缝贴角高　　　　图 7-21　测量焊缝咬边深度

职业技能培训教材·建筑工程系列

电焊工

第八章

施工安全管理

》第一节 熟记安全须知 《

一、一般安全须知

第一，工人进入施工现场必须正确佩戴安全帽，上岗作业前必须先进行三级（公司、项目部、班组）安全教育，经考试合格后方能上岗作业；凡变换工种的，必须进行新工种安全教育。

第二，正确使用个人防护用品，认真落实安全防护措施。在没有防护设施的高处、悬崖和陡坡施工，必须系好安全带。

第三，坚持文明施工，材料堆放整齐，严禁穿拖鞋、光脚等进入施工现场。

第四，禁止攀爬脚手架、安全防护设施等。严禁乘坐提升机吊笼上下或跨越防护设施。

第五，施工现场临边、洞口，市政基础设施工程的检查井口、沉井口等设置防护栏或防护挡板，通道口搭设双层防护棚，并设危险警示标志。

第六，爱护安全防护设施，不得擅自拆动，如需拆动，必须经安全员审查并报项目经理同意，但应有其他有效预防措施。

二、防火须知

第一，贯彻"预防为主，防消结合"的安全方针，实行防火安全责任制。

第二，现场动用明火必须有审批手续和动火监护人员，配备合适的灭火器材，下班前必须确认无火灾隐患方可离开。

第三，宿舍内严禁使用煤油灯、煤气灶、电饭煲、热得快、电炒锅、电炉等。

第四，施工现场除指定地点外作业区禁止吸烟。

第五，严格遵守冬季、高温季节施工等防火要求。

第六，从事金属焊接（气割）等作业人员必须持证上岗，焊割时应有防水措施。

第七，建筑电工车间及装修施工区易燃废料必须及时清除，防止火灾发生，发生火灾（警）应立即拨 119 报警。

第八，按消防规定施工现场和重点防火部位必须配备灭火器材和有关器具。

第九，当建筑施工高度超过 30 m 时，要配备有足够消防水源和自救的用水量，立管直径在 50 mm 以上，有足够扬程的高压水泵保证水压和每层设有消防水源接口。

三、施工用电须知

第一，使用电气设备前，必须按规定穿戴相应的劳动保护用品，并检查电气装置和保护设施是否完好。开关箱使用完毕，应断电上锁。

第二，建设工程在高、低压线路下方，不得搭设作业棚、建造生活设施或堆放构件、材料以及其他杂物等，必要时采取安全防护措施。

第三，不得攀爬、破坏外电防护架体，不得损坏各类电气设备，人及任何导电物体与外电架空线路的边线之间的最小安全操作距离。

第四，施工现场配电，中性点直接接地中，必须采用 TN-S 接零保护系统（三相五线制），实行三级配电（总配电柜、箱、分路箱、开关箱）三级保护。线路（包括架空线、配电箱内连线）分色为：相线 L1 为黄色，相线 L2 为绿色，相线 L3 为红色，工作零线 N 为浅蓝色，保护零线 PE 为黄/绿双色。禁止使用老化电线，破皮的应进行包扎或更换。不得拖拉、浸水或缠绑在脚手架上等。

第五，实行"一机一闸一漏一箱"制。严禁使用电缆券筒螺旋开关箱，严禁带电移动电气设备或配电箱，禁用倒顺开关。

第六，施工现场停止作业1小时以上时，应将动力开关箱断电上锁。

第七，熔断丝应与设备容量相匹配、不得用多根熔丝绞接代替一根熔丝，每组熔丝的规格应一致，严禁用其他金属丝代替熔丝。

第八，施工现场照明灯具的金属外壳必须作保护接零，其电源线应采用三芯橡皮护套电缆，严禁使用花线和塑料护套线。

四、建筑电工操作安全守则

第一，建筑电工必须经省级建设行政主管部门考核合格，取得建筑施工特种作业人员操作证书，方可上岗。

第二，所有绝缘、检查工具应妥善保管，严禁他用，并定期检查、校验。

第三，现场施工用高、低电压设备及线路，应按照施工设计有关电气安全技术规程安装和架设。

第四，线路上禁止带负荷接电，并禁止带电操作。

第五，有人触电，立即切断电源，进行急救；电气着火，立即将有关电源切断，并使用干粉灭火器或干砂灭火。

第六，安装高压油开关、自动空气开关等有返回弹簧的开关设备时应将开关置于断开位置。

第七，多台配电箱并列安装，手指不得放在两盘的结合处，不得摸连拉接螺孔。

第八，用摇表测定绝缘电阻，应防止有人触及正在测电的线路或设备。测定容性或感性设备、材料后，必须放电。雷电时禁止测定线路绝缘。

第九，电流互感器禁止开路，电压互感器禁止短路或升压方式运行。

第十，电气材料或设备须放电时，应穿戴绝缘防护用品，用绝缘棒安全放电。

第十一，现场配电高压设备，不论带电与否，单人值班不准超越遮栏和从事修理工作。

第十二，人工立杆，所用叉木应坚固完好，操作时，互相配合，用力均衡。机械立杆，两侧应设溜绳。立杆时坑内不得有人，基坑夯实后，方准拆去叉木或拖拉绳。

第十三，登杆前，杆根应夯实牢固。旧木杆杆根单侧腐朽深度超过杆根直径 1/8 以上时，应经加固后，方能登杆。

第十四，登杆操作脚扣应与杆径相适应。使用脚踏板，钩子应向上。安全带应拴于安全可靠处，扣环扣牢，不准拴于瓷瓶或横担上。工具、材料应用绳索传递，禁止上下抛扔。

第十五，杆上紧线应侧向操作，并将夹螺栓拧紧。紧有角度的导线，应在外侧作业。调整拉线时，杆上不得有人。

第十六，紧线用的钢丝或钢丝绳，应能承受全部拉力，与导线的连接，必须牢固。紧线时，导线下方不得有人。单方向紧线时，反方向设置临时拉线。

第十七，架线时在线路的每 2～3 km 处，应接地 1 次，送电前必须拆除，如遇雷雨，停止工作。

第十八，电缆盘上的电缆端头，应绑扎牢固。放线架、千斤顶应设置平稳，线盘应缓慢转动，防止脱杆或倾倒。电缆敷设至拐弯处，应站在外侧操作。木盘上钉子应拔掉或打弯。

第十九，施工现场夜间临时照明电线及灯具，高度应不低于2.5 m。易燃、易爆场所，应用防爆灯具。

第二十，照明开关、灯口及插座等，应正确接入相线及零线。

第二十一，电缆严禁拖地和泡水，发现有破损或老化严重应及时更换。电缆横跨道路时应架空或加套管理设。

》》》 第二节　读懂安全标识 《《《

一、禁止标识

常见禁止标志牌，如图 8-1 所示。

图 8-1　禁止标志牌

二、警告标识

常见警告标志牌，如图 8-2 所示。

图 8-2　警告标志牌

三、指令标识

常见指令标志牌，如图 8-3 所示。

图 8-3　指令标志牌

四、指示标识

常见指示标志牌，如图 8-4 所示。

紧急出口 EXIT	紧急出口 EXIT	滑动开门 SLIDE	滑动开门 SLIDE
推开 PUSH	拉开 PULL	疏散通道方向	疏散通道方向

图 8-4　指示标志牌

>>> 第三节　电焊工工伤事故及其原因 <<<

一、电焊操作的不安全因素

电焊操作的不安全因素，见表 8-1。

表 8-1　电焊操作的不安全因素

项　目	内　容
触电机会多	1. 焊工接触电的机会最多，经常要带电作业，如接触焊件、焊枪、焊钳、砂轮机、工作台等，还有调节电流和换焊条等经常性的带电作业，特殊情况时还要站在焊件上操作 2. 电气装置有故障，一次电源绝缘损坏，防护用品有缺陷或违反操作规程等都可能发生触电事故 3. 尤其是在容器、管道、船舱、锅炉内或钢构架上操作时，触电的可能性更大
易发生电气火灾、爆炸和灼烫事故	电焊操作过程中，会发生电气火灾、爆炸和灼烫事故的短路或超负荷工作，都可引起电气火灾；周围有易燃易爆物品时，由于电火花和火星飞溅，会引起火灾和压缩钢瓶的爆炸。特别是燃料容器（如油罐、气框等）和管道的焊补，焊前必须制订严密的防爆措施，否则将会发生严重的火灾和爆炸事故。火灾、爆炸和操作中的火花飞溅，都会造成灼烫伤亡事故
高空坠落及机械伤害	1. 电焊高空操作较多，除直接从高空坠落的危险外，还可能发生因触电失控、从空中坠落的第二次事故 2. 机械性伤害，如焊接笨重构件时，可能会发生挤伤、压伤和砸伤等事故

二、电焊用电特点

焊接电源需要满足焊接要求。焊接方法不同，对电源的电压、电流等性能参数的要求也有所不同。我国目前生产的手弧焊机的空载电压限制在 90 V 以下（焊接变压器为 55～75 V，直流弧焊发电机为 40～70 V），工作电压为 25～40 V。自动弧焊机为

70～90 V；氩弧焊机与等离子弧焊机为 65 V。

国产焊接电源的输入电压为 220/380 V，频率为 50 Hz 的工频交流电。

三、电焊触电事故危害

电流对人体的伤害有 3 种类型，即电击、电伤和电磁生理伤害。电击是指电流通过人体内部，破坏心脏、肺部及神经系统的工作。电伤是指电流的热效应、化学效应或机械效应对人体的伤害，其中主要是间接或直接的电弧烧伤，比如，熔化金属溅出烫伤等。电磁场生理伤害是在高频电磁场的作用下，使人呈现头晕、乏力、记忆减退、失眠、多梦等神经系统的症状。

通常所说的触电事故是指电击而言，绝大多数的触电死亡事故是电击造成的。

四、电焊发生火灾、爆炸的原因

1. 危险温度

危险温度是电气设备（如焊接变压器）过热造成的，这种过热主要来源于电流的热量。

焊接时，电焊设备总是要发热的，使温度升高。设计上已经考虑了在安全正常运行情况下温度升高问题，也就是说发热与散热要平衡，这样最高温度就不超过允许范围。例如，裸导线和塑料绝缘线规定为 70℃；橡皮绝缘线为 65℃。换句话说，电焊设备正常运行时，所发出的热量是允许的。

当电焊设备正常运行遭到破坏时，发热量就会增加，温升就会超过规定温度，在一定条件下即可引起火灾。

不正常运行，引起电焊设备过度发热的原因有以下几方面。

（1）短路。发生短路时，短路电流要比正常电流大几倍到几十倍，而电流产生的热量又与电流平方成正比，温度急剧上升并超过允许范围。不仅能烧坏绝缘，而且能使金属熔化。

（2）超负荷。导线通过电流的大小是有规定的。在规定范围内，导线连续通过的最大电流称为"安全电流"。超过安全电流值，即超过了导线的负荷。结果使导线过热，绝缘层烤化加快，甚至变质损坏，引起短路着火事故。

（3）接触电阻过大，接触部位是发生过热最严重的地方。由于接触表面粗糙不平，有氧化皮杂质或接连不牢等，都会引起过热，使导线、电缆的金属变色甚至熔化，并能引起绝缘材料、可燃物质和积落的可燃灰尘燃烧。

（4）其他原因。如焊接变压器的铁芯绝缘损坏或长时间的过电压，将增长涡流损耗和磁滞损耗而过热，由于通风不好，散热不良造成焊机过烧等。

2. 电火花和电弧

电火花和电弧都具有较高的温度，特别是电弧的温度高达$6\,000\sim8\,000℃$。不仅能引起可燃物燃烧，还能使金属熔化、飞溅，引起火灾。在有爆炸着火危险的场所，或在高空作业点的地面上存有易燃、易爆等物品情况下尤其要注意，不少电焊火灾爆炸事故正是由此而引起。

在焊接过程中熔融金属的飞溅，以及上述火灾与爆炸的同时，往往会发生灼烫伤亡事故。

3. 电焊触电事故的原因

（1）直接触电事故的原因。

①换焊条和操作中，手或身体某部分接触焊条、焊钳或焊枪的带电部分，而脚或身体其他部分对地面和金属构件之间又无绝缘。特别是在金属容器、管道、锅炉里或金属构件上，身上大量出汗或在阴雨潮湿的地方焊接时，容易发生触电事故。

②在接线或调节焊接设备时，手或身体某部碰到接线柱、极板等带电体而触电。

③在登高焊接时，触及或靠近高压电网引起触电事故。

（2）间接触电事故的原因。

①焊接设备外壳漏电，人体接触而触电。

②焊接变压器一次绕组与二次绕组间绝缘损坏时，变压器反接

或错接在高压电源时，手或身体某部分触及二次回路的裸导体。

③在操作中，触及绝缘破损的电缆、胶木闸盒损坏的开关等。

④由于利用厂房的金属结构、管道、轨道、天车吊钩或其他金属物体搭接作为焊接回路而发生触电事故。

≫ 第四节　电焊工工具安全操作 ≪

一、焊钳、焊枪和焊接用电缆的要求

焊钳和焊枪是手弧焊和气电焊、等离子弧焊的主要工具，它与焊工操作方便和安全有直接关系，所以对焊钳和焊枪提出下列要求。

一是结构轻便、易于操作。手弧焊钳的重量不应超过 600 g。

二是有良好的绝缘性能和隔热能力。手柄要有良好的绝热层，以防发热烫手。气体保护焊的焊枪头应用隔热材料包覆保护。焊钳由央条处至握柄连接处止。间距为 150 mm。

三是焊钳和焊枪与电缆的连接必须简便牢靠，连接处不得外露，以防触电。

四是等离子焊枪应保证水冷却系统密封，不漏气、不漏水。

五是手弧焊钳应保证在任何斜度下都能夹紧焊条，更换方便。

焊接电缆是连接焊机和焊钳（枪）、焊件等的绝缘导线，应具备下列安全要求。

一是焊接电缆应具有良好的导电能力和绝缘外层。一般是用紫铜芯（多股细线）线外包胶皮绝缘套制成，绝缘电阻不小于 1 MΩ。

二是轻便柔软、能任意弯曲和扭转，便于操作。

三是焊接电缆应具有较好的抗机械损伤能力、耐油、耐热和耐腐蚀等性能。

四是焊接电缆的长度应根据具体情况来决定。太长电压降增大，太短对工作不方便，一般电缆长度取 20～30 m。

五是要有适当截面积。焊接电缆的截面积应根据焊接电流的大

小，按规定选用。以保证导线不致过热而烧坏绝缘层，见表 8-2。

表 8-2　电缆截面与最大使用电流

导线截面积（mm²）	单股	25	50	70	95
	双股	—	2×16	2×25	2×35
最大许用电流（A）	200	300	450	600	—

六是焊接电缆应用整根的，中间不应有接头。如需用短线接长时，则接头不应超过 2 个，接头应用铜导体做成，要坚固可靠，绝缘良好。

七是严禁利用厂房的金属结构、管道、轨道或其他金属搭接起来作为导线使用。

八是不得将焊接电缆放在电弧附近或炽热的焊缝金属旁，以避免烧坏绝缘层。同时也要避免被碾压磨损等。

九是焊接电缆的绝缘情况，应每半年进行 1 次定期检查。

十是焊机与配电盘连接的电源线，因电压高，除保证良好的绝缘外，其长度不应超过 3 m。如确需较长导线时，应采取间隔的安全措施，即应离地面 2.5 m 以上沿墙用瓷瓶布设。严禁将电源线沿地铺设，更不要落入泥水中。

二、电焊安全操作

第一，焊接工作开始前，应首先检查焊机和工具是否完好和安全可靠。如焊钳和焊接电缆的绝缘是否有损坏的地方、焊机的外壳接地和焊机的各接线点接触是否良好。不允许未进行安全检查就开始操作。

第二，在狭小空间、船舱、容器和管道内工作时，为防止触电，必须穿绝缘鞋，脚下垫有橡胶板或其他绝缘衬垫；最好两人轮换工作，以便互相照看。否则就需有一名监护人员，随时注意操作人的安全情况，一遇有危险情况，就可立即切断电源进行抢救。

第三，身体出汗后而使衣服潮湿时，切勿靠在带电的钢板或工件上，以防触电。

第四，工作地点潮湿时，地面应铺有橡胶板或其他绝缘材料。

第五，更换焊条一定要戴皮手套，不要赤手操作。

第六，在带电情况下，为了安全，焊钳不得夹在腋下去搬被焊工件或将焊接电缆挂在脖颈上。

第七，推拉闸刀开关时，脸部不允许直对电闸，以防止短路造成的火花烧伤面部。

第八，下列操作，必须在切断电源后才能进行。

一是改变焊机接头时。

二是更换焊件需要改接二次回路时。

三是更换保险装置时。

四是焊机发生故障须进行检修时。

五是转移工作地点搬动焊机时。

六是工作完毕或临时离工作现场时。

》》 第五节　电弧焊安全操作技术 《《

一、弧焊设备的安装要求

设备的工作环境与其技术说明书规定相符，安放在通风、干燥、无碰撞或无剧烈震动、无高温、无易燃品存在的地方。在特殊环境条件下（如室外的雨雪中，温度、湿度、气压超出正常范围或具有腐蚀、爆炸危险的环境），必须对设备采取特殊的防护措施以保证其正常的工作性能。当特殊工艺需要高于规定的空载电压值时，必须对设备提供相应的安全防护装置（如采用空载自动断电保护装置）或其他措施。弧焊设备外露的带电部分必须设置完好的保护，以防人员或金属物体（如货车、起重机吊钩等）与之相接触。

二、接地要求

焊机必须以正确的方法接地（或接零）。接地（或接零）装置必须连接良好，永久性的接地（或接零）应做定期检查。禁止使用氧气、乙炔等易燃易爆气体管道作为接地装置。

在有接地（或接零）装置的焊件上进行弧焊操作，或焊接与大地密切连接的焊件（如管道、房屋的金属支架等）时，应特别注意避免焊机和工件的双重接地。

三、焊接回路要求

构成焊接回路的焊接电缆必须适合于焊接的实际操作条件，构成焊接回路的电缆外皮必须完整、绝缘良好（绝缘电阻大于 $1~M\Omega$）。用于高频、高压振荡器设备的电缆，必须具有相应的绝缘性能。

焊机的电缆应使用整根导线，不带连接接头。构成焊接回路的电缆禁止搭在气瓶等易燃品上，禁止与油脂等易燃物质接触。在经过通道、马路时，必须采取保护措施（如使用保护套）。

不能借用导电的物体（如管道、轨道、金属支架、暖气设备等）做焊接回路。

四、连线检查

完成焊机的接线之后，在开始操作设备之前必须检查一下每个安装的接头以确认其连接良好。其内容包括：线路连接正确合理，接地必须符合规定要求；磁性工件夹爪在其接触面上不得有附着的金属颗粒及飞溅物；盘卷的焊接电缆在使用之前应展开，以免过热及绝缘损坏。

五、焊接过程注意事项

当焊接工作中止时（如工间休息），必须关闭设备或焊机的输出端或者切断电源。需要移动焊机时，必须首先切断其输入端的电源。

金属焊条在不用时必须从焊钳上取下以消除人员或导电物体的触电危险。焊钳在不使用时必须置于与人员、导电体、易燃物体或压缩空气瓶接触不到的地方。半自动焊机的焊枪在不使用时亦必须妥善放置，以免使枪体开关意外启动。

进行电弧焊接或切割时，操作人员必须注意遵守下述原则：

一是禁止焊条或焊钳上带电金属部件与身体相接触。焊工必须用干燥的绝缘材料保护自己免除与工件或地面可能产生的电接触。在坐位或俯位工作时，必须采用绝缘方法防止与导电体的大面积接触。要求使用状态良好的、足够干燥的手套。焊钳必须具备良好的绝缘性能和隔热性能，并经常维修功能正常。

　　二是所有的弧焊设备必须经常维护，保持在安全的工作状态。修理必须由认可的人员进行。焊接设备必须保持良好的机械及电气状态。损坏的电缆必须及时更换。

参考文献

大庆油田有限责任公司. 2013. 电焊工 [M]. 北京：石油工业出版社.

范绍林，雷鸣. 2014. 电焊工一点通 [M]. 北京：科学出版社.

金凤柱，陈永. 2012. 电焊工操作入门与提高 [M]. 北京：机械工业出版社.

金凤柱，陈永. 2014. 电焊工操作技术问答 [M]. 北京：机械工业出版社.

李书常，田玉民. 2015. 图解电焊工技能速成 [M]. 北京：化学工业出版社.

孙景荣，王丽华. 2010. 电焊工（第二版）[M]. 北京：化学工业出版社.

吴兴国. 2011. 电焊工 [M]. 北京：中国环境出版社.

王滨涛，代景宇. 2011. 新版电焊工入门 [M]. 北京：机械工业出版社.

张应立. 2012. 电焊工基本技能 [M]. 北京：金盾出版社.

中国石油工程建设公司. 2014. 电焊工：焊条电弧焊（初级工）[M]. 北京：石油工业出版社.

周丽丽，李秀梅，赵福胜. 2012. 电焊工长 [M]. 北京：华中科技大学出版社.